WHITE HOLES

INSIDE THE HORIZON

白洞

[意] 卡洛·罗韦利 著

张亦非 译

CNS | 湖南科学技术出版社 博集天卷 CS-BOOKY

献给弗兰切斯卡

科学与梦的同伴

我们所能拥有的最美好的体验就是神秘体验。它是真正的艺术与科学的源头。谁要是不了解它，不再有好奇心和惊异感，就无异于行尸走肉，他的眼睛也是黯淡无光的。

——爱因斯坦

目　录

第一部分

1

开头总是困难重重。最开始的几句话将开辟一个空间。就像我们第一次望向将要爱上的女孩时，整个人生就在她的一抹微笑中展开那样。动笔之前我犹豫过。在加拿大，我常去自家后边的树林里散步，但并不清楚自己会走向何方。

在过去这些年里，我的研究主要集中在白洞上，它们是黑洞狡猾的小兄弟。我写的这本书是关于白洞的。我会试着讲述黑洞是什么样子，我们望向天空，就能看到无数的黑洞。在这些奇异恒星的边缘，在视界之内，有什么事情在发生？在那里，时间似乎会变慢，直至停止，空间似乎会撕裂。一路向下、向内，我们便能进入最深的区域，来到时间和空间消融之处，来到时间似乎能倒流之处，来到白洞诞生之处。

这是一个进行中的冒险故事。在每一段旅程的开端，我并不知道路将通往何方。看见她的第一抹微笑时，我尚且不能询问我们将去哪里一起生活……我心里有一个飞行计划：我们会到达视界的边缘，进到里边，下到底部，穿过底部——就像爱丽丝穿过镜子。我们会重新出现，进入白洞。我们想知道，如果时间倒流会发生什么……我们终于又出来了，再一次看见恒星，我们自己的恒星，只花了片刻时间，同时也是数百万年，或者花了读几页书的时间。你愿意跟我来吗？

那是在马赛。哈尔在我的书房里，站在黑板前。我坐在书桌前那张倾斜的大椅子里，手肘撑在桌上，眼睛盯着他。地中海明朗耀眼的阳光从窗子里照进来。我与白洞的冒险就此开始。

哈尔是美国人，我相信他有一点切罗基人*的血统。也许正是这种血统赋予了他一种温柔的气质，调和了他令人炫目的思想。如今他在一所大学任教，但

* 美国东南部的疏林地区的原住民种群。——如无特别说明，本书脚注均为译者注。

哈尔

当年他还是一名学生。他温和、严谨、安静，是个非常成熟的大男孩。他试图告诉我一些我不理解的东西。他有一个想法，与黑洞在其漫长的生命终结之时可能会发生什么有关。

我记得他当时的话：爱因斯坦方程不会因为时间反演而改变；为了获得反弹，我们只需要反演时间，并将两个解粘贴在一起。我很困惑。

紧接着，我突然明白了他的意思。哇！（我是意大利人，不会像切罗基人那样保持平静。）我走到黑板前，画了一幅图。我的心怦怦狂跳。

他想了想之后说："对，差不多是这样。"我说："这是一个黑洞，经由内部的量子隧穿效应变成白洞，但其外部可以保持不变……"他又想了一会儿，然后说："对……我不知道……你觉得呢，这有可能吗？"

确实可行。至少在理论上可行。从在马赛的灿烂阳光下展开的那次谈话算起，九年时间过去了。我一直在研究黑洞可以变成白洞的假说。越来越多的学生和同事加入了我的研究。在我看来，这是一个美丽的想法。我愿意把这个想法讲给大家听。

我不知道它是否正确。我甚至不知道现实中是否真的存在白洞。我们已经了解了很多关于黑洞的知识——我们能观测到黑洞，但是白洞还没有被发现。

我在帕多瓦攻读博士学位的时候，马里奥·托宁给我们讲授理论物理学。他告诉我们，他认为上帝每周都会阅读著名的物理学期刊《物理评论 D》。只要发现喜欢的想法，啪！上帝就会付诸实践，重新安排普遍规律。

如果真是这样，亲爱的上帝，我很希望您能够动动手指：让黑洞最终变成白洞……

◎

我重读了一遍前面的文字，也就是我初次和白洞相遇的经过。我想按顺序讲清楚一切——哈尔和我谈论了什么，我们知道什么，不知道什么，我们想要解决的问题是什么，哈尔的想法是什么，它的含义是什么，反演时间意味着什么（这里没什么复杂的），时间有方向又意味着什么（这个要复杂一些）。

如果你愿意跟随我，我们就会来到黑洞视界的边缘，进入黑洞，下到黑洞底部，下到空间和时间消融之处，然后穿过黑洞，来到白洞，来到时间反演之处，我们会从这里走向未来。

现在我们向白洞出发。

2

不，我们得先从黑洞说起。要想了解什么是白洞，我们必须先弄清什么是黑洞。那么，什么是黑洞?

第一个出错的是爱因斯坦。1915 年，经过十年疯狂而绝望的研究，爱因斯坦发表了广义相对论的最终方程。广义相对论是他最重要的理论，如今，全世界的大学都在讲授这一理论。

仅仅几周后，他就收到一位年轻同行卡尔·史瓦西的来信，卡尔当时还是个德国陆军中尉，几个月后他在东线战争的磨难中死去。

这封信以几句极美的话结尾:“正如您看到的那样，尽管交火声连绵不断，但战争还是善待了我，让我能够暂时远离这一切，到您的思想之地漫步。”

史瓦西漫步于爱因斯坦的思想之地，得出了爱因斯坦刚刚发表的方程的精确解。此时正是东线战事的间隙，他身边是德国和俄国年轻人的尸体，这些人被人类的愚昧所害，这种愚昧在过去和现在同样肆虐——为争夺边界而死，还有比这更愚昧的事吗?

这些方程（我的小书《七堂极简物理课》中的唯一一个公式）一度困扰着爱因斯坦。我们在爱因斯坦此前的一系列文章中都能看到它们的踪迹，每篇文章里都包含方程的不同版本，而且全都是错的。如果一个人没有勇气发表错误的东西，他就成不了爱因斯坦。

1915 年，方程终于有了正确的版本。在随后的几十年里，这些方程征服了物理学家，使他们修正了关于空间和时间性质的观点，认识到在山上的时钟比在平原上的时钟走得快，宇宙在膨胀，世上存在空间波，诸如此类。我们今天用来研究宇宙的方程，或许是物理学中最美丽的方程。

接下来，我们将与这些方程建立紧密而复杂的关系。它们将成为我们的向导，就像《神曲》里的维吉尔之于但丁那样，因为这些方程以最好的方式概括了我们对空间、时间和引力的理解。它们是我们用来理解这一切的工具。它们告诉我们在黑洞边缘和黑洞内部会发生什么。它们告诉我们什么是白洞。它们为我们指明了穿越奇景的路。但是，我准备讲述的故事另有目的，我想走到这些方程不再起作用的地方，看看会发生什么。我想走到需要抛弃这些方程的地方。科学就是这样。

在故事的中途，我们不得不脱离这些方程提供的令人心安的指引，接受更甜蜜之物的诱惑。但丁在他旅程的中途也是如此：他离开了维吉尔，被更甜蜜的事物俘获。

让我们回到史瓦西。他在给爱因斯坦的信中得出的解，如今已被写入所有大学的教科书中。这个解描述了空间和时间如何在质量体（例如地球或太阳）周围发生变化。是引力的作用使空间和时间弯曲（我稍后将对此做进一步阐释）。正是这种空间和时间的弯曲导致物体向地球坠落，行星围绕太阳旋转。这就是引力背后的原理。

史瓦西研究的问题是，在地球或太阳这般质量的物体周围，物体是如何受其引力影响而运动的。三个世纪前，牛顿正是通过对这个问题的研究，为现代科学开拓了道路。爱因斯坦和史瓦西纠正了牛顿的错误，改进了牛顿关于物体如何围绕质量体运动的预测。

然而，史瓦西找到的解不仅对行星的运动做了一些微小的修正，还预言了一些全新的、非常奇怪的东西。如果质量体极其紧密，其周围就会形成一层外壳，一个球形表面。在这里，一切都会变得奇异无比：靠近每个质量体时都会变慢的时钟，在这里甚至会停下来。时间静止了，它不再流逝。空间会沿着质量体的方向延伸，仿佛一个长长的漏斗。而在这个奇异的球形表面上，空间的延伸变成了空间的撕裂，紧靠着它的点已经无限遥远。

静止的时间，撕裂的空间……这一切听起来既离奇又不着边际。爱因斯坦理所当然地得出结论："这不合理，这种荒谬的表面在现实中不可能存在。"

事实上，经过计算，我们可以发现，要形成这样一个表面，我们就必须以极端的方式挤压一个质量体。例如，如果要在地球周围形成这样一个表面，我们就必须把整个地球挤压到一个乒乓球的大小！简直荒谬。爱因斯坦总结道：“这一切毫无意义，你不可能把质量体压缩到足以形成这种奇异外壳的程度。”

但是他错了。他对自己的方程没有足够的信心，他没有勇气相信自己理论的奇特暗示。我们现在已经知道，被压缩到这种程度的质量体是存在的。天空中存在着亿万个这样的质量体，它们就是黑洞。

天文学家已经发现了一些尺寸达到几公里的黑洞，还有像整个太阳系那么大的黑洞。理论上可能也存在小型黑洞（跟乒乓球一样大）或者极小的黑洞（像头发丝一样轻），但是到目前为止，我们还没有观测到任何小型黑洞。

天空中绝大多数可被观测到的黑洞都源自燃烧完的恒星。它们都是大型恒星，非常重，如果不是因为在燃烧，它们的重量甚至会把自身压碎。恒星燃烧自身的主要成分氢，把氢变成氦。燃烧产生的热量会产生一种压力，抵消恒星的重量，避免它被自己的重量压碎。就这样，恒星能够持续存在数十亿年。

然而，没有什么事物是永恒的。最终，氢消耗殆尽，全部变成了氦和其他无法燃烧的灰烬，此时的恒星就像一辆耗尽了汽油的汽车。恒星的温度下降，重量开始占据上风。在引力的作用下，恒星粉身碎骨。大型恒星的引力极大，哪怕最坚硬的岩石也无法承受。没有任何东西能阻止恒星的坍缩，于是恒星沉入了它的视界。一个黑洞形成了。

1928年，当人们还不了解这个过程的时候，贝尔电话公司聘请了一位23岁的物理学家卡尔·央斯基来研究干扰无线电通信的噪声。央斯基建造了一套30米长的简易天线。这是一组特殊的格栅，由安装在转轮上的金属棍组成，可以朝任何方向转动。同事们称其为“央斯基的旋转木马”。

央斯基用这组天线记录下了所有能捕捉到的无线电信号：雷雨中一闪而逝的闪电、无线电天线发出的噪声等等。他发现其中包括一种有规律的特殊信号，像是某种哨声，“旋转木马”每转一圈都能捕捉到这种信号。

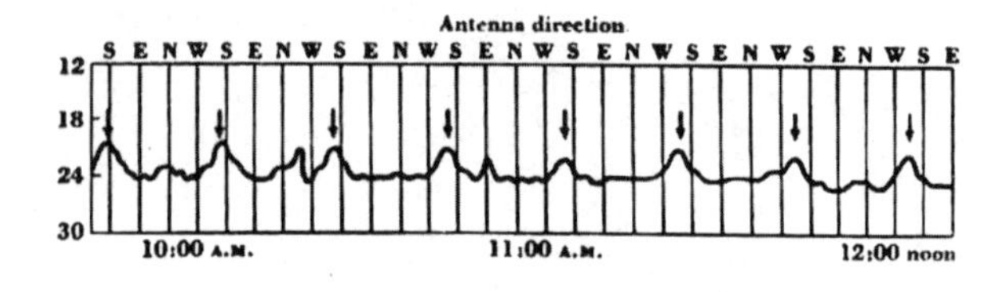

央斯基的妹妹说，他们的父亲自小就教导他们要“调查一切”。央斯基对这种哨声进行了一年多的调查。哨声的强度每24小时增减一次，央斯基据此认为它来自太阳，因为太阳每24小时就会从天空中经过一次。但魔鬼总是隐藏在细节里，经过细致的研究，他发现哨声的周期并不是24小时，而是更短一些的23小时56分钟。也就是说，最强的信号并不总在每天的同一时间发出。它每次都稍微提前一点，仿佛时钟在慢慢倒退。真是奇怪，这种信号不可能来自太阳……

直到有一位天文学家同事提醒他，23小时56分钟是其他恒星在我们的天空中出现的周期（其他恒星在天空中出现的时间间隔比太阳略短，因为地球和太阳每年绕着对方跳一圈华尔兹）。因此，神秘的无线电信号只能来自其他恒星！信号的方向很容易辨认：它来自信号最强时天线指向的恒星。查阅星图后，央斯基发现它来自银河系的中心……

这则新闻引起了轰动，最终登上了《纽约时报》，标题是《来自银河系中心的无线电波》。1933年5月

15 日，数百万美国人收听了美国全国广播公司的现场直播。他们听到了来自恒星的哨声，还有对央斯基的采访。“女士们，先生们，晚上好，今晚你们将在直播中听到从太阳系之外的某个恒星接收到的无线电脉冲信号。”央斯基告诉大家，信号来自银河系的中心。播音员评论说，从三万光年之外发射出的信号要想抵达我们这里，其功率一定“极其大”。“这种功率一定比地球上任何一个广播电台的功率都要大上几百万倍、几千万倍……”

五天前，1933 年 5 月 10 日，柏林歌剧院广场发生了史上最大规模的纳粹焚书事件。被焚毁的书包括弗拉基米尔·马雅可夫斯基的作品（“我的诗终将抵达……而不会像逝去的星光照向你”），也包括阿尔伯特·爱因斯坦的作品和关于他的作品。八十年后，根据这些书中呈现的观点，我们知道了几百万美国人听到的神秘哨声是什么。它是炽热的物质发出的辐射，这些物质在坍缩之前围绕着银河系中心的巨型黑洞疯狂旋转。这个黑洞的尺寸足以覆盖整个地球的轨道，其质量是太阳质量的 400 万倍。

我正在对这些内容进行第三次修订，恰恰就在今天，天文学家公布了这个位于银河系中心的黑洞的图像。图像显示，炽热的物质在离黑洞不远处绕着它旋转，发出央斯基的天线在一个世纪前所捕捉到的那种辐射。

这幅图带给我不小的触动。我毕生都在研究黑洞，却不知道它们是否真的存在……现在，我终于看

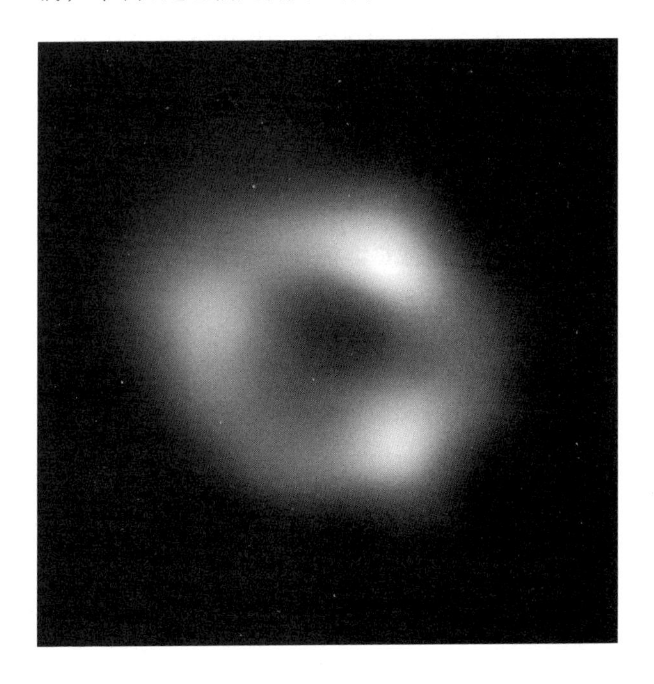

见了黑洞的真实图像，当年我在大学读书的时候可没想到会有这么一天……

就算在二十年前，也有很多人怀疑黑洞是否真的存在。2000年1月，我从美国搬到法国，新的系主任问我："你不会真的相信现实中存在黑洞吧？"现在他也相信了。这并不是一种批评，而是科学的魅力所在。改变想法并没有错，这说明我们在学习。最优秀的那些科学家就是那些经常改变想法的人，比如爱因斯坦。

在上页图中，真正的黑洞，或者更确切地说，视界（包围黑洞的奇异表面），是处在中心的小小黑盘，位于围绕它旋转的炽热物质中间。

视界将成为我们的入口。

3

现在，让我们走向那道门槛，也就是视界。在视界之外，一些物质剧烈旋转、变得如此炽热，以至于三万光年以外的央斯基天线都能捕捉到信号。穿过那些物质，我们来到了视界。在一个巨大黑洞的视界上，会发生什么呢?

几十年时间过去，人们终于弄清视界上发生了什么。爱因斯坦并不是唯一一个没法理解这一切的人。在很长一段时间内，物理学家和天体物理学家们都同样感到困惑。直到20世纪下半叶，人们才开始理解视界。即使到了今天，仍有一些同行对此困惑不已。

让我们去看一看吧。

开普勒写过一篇名为《梦》的小说，他是第一个理解行星如何围绕太阳旋转的人。在这篇小说中，一个母亲用扫帚带着她的儿子环绕太阳系飞行，让他能够近距离观察太阳和众行星。

开普勒的母亲曾因实施巫术受审。你想知道她到底是不是女巫吗？在开普勒的辩护下，她在受审后被无罪释放了。

开普勒想去看一看。去看一看，这就是科学。运用数学、直觉、逻辑、想象和理性，去我们从未涉足的地方看一看。去太阳系，去原子的中心，去活细胞内部，去我们大脑神经元的旋涡之中，去黑洞视界之外……用思想之眼看一看。

在地球上，我们把视线所及的最远界线称为“地平线*”。不过，假如我们登上一艘船，驶向那条线，我们就能越过它。我们能够越过地平线。越过地平线之后，并没有什么特别的事发生。在岸上看着我们的人会发现我们从他们的视线中消失了，但船上并不会发生任何特别的事（在有些地方的航海传统中，此时他们会举办一场盛宴）。

---

* 在意大利语中，表示“地平线”和“视界”的词同为“orizzonte”。

让我们惊喜的是，黑洞的视界也是如此。乘着宇宙飞船旅行时，我们可以随心所欲地接近黑洞视界。我们可以到达那里，可以越过它，不会有任何特别的事发生在我们身上。我们的时钟仍以正常的速度转动，我们周围的距离也仍然保持正常。

当我们进入黑洞视界，远方的朋友就再也看不见我们了。我们越过了他们的视界，就像那艘消失在海平线以外的船。越过黑洞视界之后，假如我们试图向身后，或者说向外发射一束光，让人们看见我们，这束光是出不来的。它被困在了视界的外壳之中，无法抵达我们远方的朋友那里。在视界之内，引力如此强大，连光也被拉了回来。

那么，为什么史瓦西找到的解显示在黑洞视界中，时钟会停止，空间会撕裂，而爱因斯坦和其他人却对此感到困惑呢？如果我们可以跨越视界，视界内部又一切正常，那么史瓦西找到的解是不是出错了？

并不是，它没有错。它只是从远离视界的观察者的视角写的。史瓦西找到的解就像是视界之外的空间的地图。

众所周知，地图上会出现一些奇怪的事。我在此以两个圆盘组成的世界地图为例。

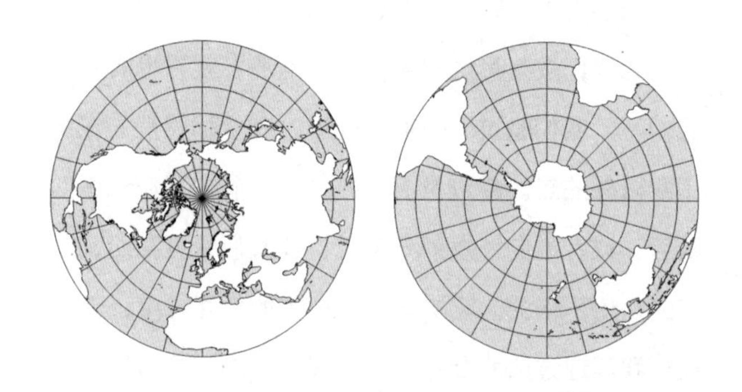

赤道看起来是个极其特殊的地方：它是世界的边缘，地球表面在那里裂开了。实际上，赤道上并没有什么裂痕，也没有发生什么特别的事（除了高温）。地球表面并不是平的，所以它不适合在一张地图上呈现，它并没有终结于地图的边缘。时空同样不是平的，它也不适合在一张地图上呈现，但时空也不会终结于史瓦西找到的解的边缘。

这就是爱因斯坦和其他人遇到的问题：他们曲解了史瓦西找到的解，就像有人看了上面的地图，推断出地球的尽头是赤道一样。几十年来，许多优秀的科学家都犯过这个错误（现在仍有人在犯同一个错误，其中包括一些教授）。

我们怎么知道这是个错误？毕竟，还没有人亲眼看到过黑洞的视界是什么样子……

虽然没有人去黑洞那儿看过，但我们有理论。爱因斯坦方程不仅催生了史瓦西找到的解，它同样可以让我们计算出接近视界时会发生什么。计算过程并不算很难。在讲广义相对论的时候，我会把它作为练习题留给学生们做。不过，之前人们花了一些时间才想到去做这个计算，同时理解这么做的含义。

第一个迈出这一步的人是戴维·芬克尔斯坦，那一年是 1958 年，我只有两岁。芬克尔斯坦是一位文化底蕴深厚的科学家，他的兴趣横跨政治、艺术、音乐和科学。他能进行深刻而大胆的思考。几年前，也就是 2016 年，芬克尔斯坦离开了我们。我有幸在他生命的最后几年见过他，他留着长长的胡须，宛如一位预言家，他的举止既威严又随和。他是那种极为罕见的能为思想开辟新路的科学家。我们将在这个故事靠后一点的位置再次和他相遇。

1958 年，芬克尔斯坦发表了一篇杰出的论文，他在其中阐明了什么是视界。[1]这篇论文的名字是《点粒子引力场的过去与未来的不对称性》。这听起来是个技术性的标题，但是请记住：书名中的观点才是这个故事的关键。过去与未来的不对称性。

戴维 · 芬克尔斯坦

芬克尔斯坦的计算表明，如果我们接近视界并越过视界，我们的时钟并不会慢下来，我们周围的空间也不会发生任何奇怪的变化。就像一艘船越过地平线，从我们的视野中消失时，船上并不会出现任何异常情况一样。

那么，为什么在史瓦西的解中，时钟会停止呢？

因为史瓦西的解描述的是在那里发生的但从远处看到的情况。如果我们从远处看，时钟在到达视界时确实会变慢，直至停止。这两种视角并不矛盾。

想象一下，我们去邮政服务逐渐变慢的国度旅行，然后每天都给父亲寄一封信。父亲收到信的间隔会越来越长，因为在我们所到的地方，邮局需要更长的时间来转发信件。对父亲来说，就好像是我们变慢了。一开始，他每天都能收到我们当天的消息，接着，他得等上好几天才能知道我们在新的一天里做了什么，然后好几天又变成好几个星期……对他来说，好像是我们的生活变慢了。

如果我们到了沙漠，这里根本没有邮局，父亲就只能收到我们进入沙漠前寄出的最后一封信，这封信过了很久才来到他的手中。对父亲来说，沙漠的边缘就是我们的时间在他眼中停止的地方，当我们越过那条地平线之后，他就再也看不到我们了。他看到我们停在沙漠的边缘。

假如我们越过黑洞的视界，也会发生类似的事。如果父亲看着我们走向视界，他就会注意到我们的时钟变得越来越慢，因为我们越靠近视界，光就需要越长的时间才能逃离，最终抵达父亲那里。光在视界附近徘徊，被引力牵制，最后才能离开。如果父亲继续等待，他就会看到我们在视界附近的活动越来越慢，最终停在越过视界前的最后一刻。

在沙漠里，或者在黑洞的视界之中，我们继续正常生活，但父亲却没法再得到任何我们的消息，无论他等多久。

总之，对越过视界的人来说，时间根本不会停止。只有从远处看，视界附近发生的一切才会急剧变慢。

靠近沙漠时寄出的信件是个不错的比喻，但这个比喻只有一部分是恰当的。实际情况和比喻的不同之处很重要。如果我们没有进入沙漠，而是掉头返回，再一次拥抱父亲，那么从最后一次见面算起，我们和他经过的时间是相同的。如果他老了一岁，我们也会老一岁。

但是视界附近的时间弯曲并非如此：它是真实的。如果我们靠近视界，在视界附近逗留再折返，那么从我们上一次见到父亲到再次和他见面，我们经历的时间将比父亲经历的时间更短。他将比我们衰老得更快。

这并不是一个视角性的效应，而是引力造成的真正的时间弯曲。时间在引力较强的地方比在引力较弱的地方流逝得更慢。这就是所谓时空“弯曲”的真正含义。在不同的地方，时间流逝的速度实际上是不同的。

◎

总之，在靠近视界的地方时间会变慢，这就意味着从远处看着我们的人会看到我们的动作变慢了。这也意味着，如果我们掉头折返，对那些留在远方的人来说，他们的时间会流逝得比我们的时间更快。但从另一层意义上说，时间并没有变慢，如果我们身处视界之中，我们不会感受到时间在变慢。对我们来说，时间仍在正常流淌。

亲爱的读者，也许你会想问，哪个才是“真正的”时间？是视界处的时间，还是远处观察者的时间？答案是，二者皆非。爱因斯坦的贡献就在于此：他意识到这个问题毫无意义。这就和问地球上不同地方的人，谁在“上边”谁在“下边”一样。对每个人来说，都是自己在上边，其他人在下边。地球的每个地方都有不同的“上”和“下”……大家只是视角不同而已。同样地，宇宙的每个地方都有自己的时间，不同地方之间可以互相发送信号——就像黑洞从银河系中心向我们发出的哨声。但时间在不同地方的流逝速度并不一样，没有哪个地方的时间比其他地方的时间更真实。

因此，视界附近的时间在变慢，只与不同地方的时间流速之间的关系有关。只有在与远方观察者的时间的关系中，视界处的时间才会停止。

世界之网由这些时间的关系编织而成。世上并不存在统一的时间，现实是一张网，在许多可能互相交换信号的地方的时间之中织就。从近处看，视界是一个正常的地方。从远处看，它是时间静止的地方。

这就是戴维·芬克尔斯坦领悟到的事。

芬克尔斯坦曾撰文介绍一幅著名版画，它是文艺复兴时期的透视大师丢勒的作品。这幅版画名为《忧郁 I》。

这是一幅复杂的画作，充满各种符号。最先理解黑洞视界的并非哪位技巧娴熟的伟大数学家，而是一个能写出关于丢勒和文艺复兴时期透视法的文章的人，这一事实在我看来绝非巧合。

《忧郁 I》，阿尔布雷希特 · 丢勒绘

文艺复兴时期人们发现了透视法，也普遍发现了现实是视角性的。丢勒这幅版画的模糊性反映并表现了视角之间的模糊性。根据芬克尔斯坦的解读，丢勒描绘了那些徒劳地追求绝对真理和绝对美感的人的忧郁。如果我们获得的一切都是视角性的，那么我们就无法得出普遍的、绝对的真理。芬克尔斯坦解说道，对丢勒来说，无法抵达绝对正是我们忧郁的根源。

（对我而言并非如此。正相反，我认为无法抵达绝对带来了一种甜蜜的眩晕。这种眩晕是轻盈的，恰巧反映了我们所处的精巧现实的不一致性……）

4

我们即将越过视界，从内部观察黑洞。不过，在进入黑洞之前，请允许我再说一句题外话（如果你想的话，可以跳过这个部分）。

我们只是刚刚靠近黑洞，还没有真正进入其中，就已经遇到了令人困惑的事——时间的相对性。这是一个确切的事实，但对我们正在进行的这趟旅程来说，它仍然是个难以消化的想法，或许是最难消化的那个。

但丁在跨过幽冥世界的门槛之前，也遇到了最大的困难——三只野兽。像所有的游历者一样，他知道第一步是艰难的，那就是离开熟悉的道路。

时间的相对性这么离奇的想法，到底是如何产生，又如何让人相信的?

类似的概念飞跃在当代科学中并不稀奇。恰恰相反，它们形成了一股深流，一直滋养着我们对世界的认知。改变一些看似显而易见的基本观念，正是我们真正学习的方式。

两千年前，我们认识到地球是圆的；五百年前，我们认识到地球在移动。乍一看，这些观点都显得很荒谬，因为地球看起来是平的，而且一动不动。要消化这些观点，困难并不在于获知新观点，而在于摆脱看似显而易见的旧信念——质疑它们都显得不可思议。我们总会相信自己的天然直觉是对的，正是这一点阻碍了我们的学习。

因此，困难不在于学习，而在于抛弃。在伽利略的伟大著作《关于托勒密和哥白尼两大世界体系的对话》中，大部分篇幅不是用来论证地球会转动，而是在努力打破根深蒂固的直觉，即地球会转动是件不可思议的事。

经过二十六个世纪的概念飞跃，我们才终于明白了时间的相对性。请允许我对这两千多年间的思想进行一次快速总结：

1. 阿那克西曼德（公元前 6 世纪）是我首先要讲的人，他推导出如果太阳、月球和星星围绕着我们旋转，那么它们在地球下边也一定有自由活动的空间，因此，地球是悬浮在虚空中的。

2. 亚里士多德（公元前 4 世纪）观察到，发生月食的时候，月球的圆盘只比地球影子的圆盘略小。因此，月球是一个大型天体，只比地球小一点点。

3. 阿里斯塔克斯（公元前 3 世纪）指出，当月相为四分相时，天空中太阳和月球之间的夹角（图中的 α 角）几乎是直角。你可以试着在下一次四分相时测量一下，这很容易做到。因此，日－地－月三角有两个角几乎是直角（此时月球有一半是亮的）。

如果一个三角形有两个角接近直角，那么它的顶点一定在很远的地方。这意味着太阳与地球的距离比

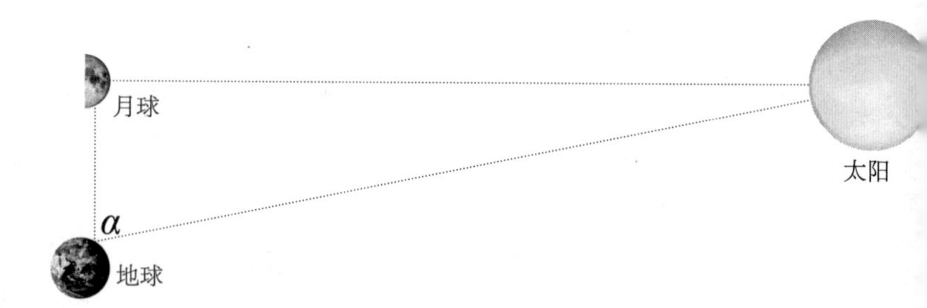

月球与地球的距离远得多。但是太阳和月球在天空中看起来是等大的，所以太阳一定比月球大得多。阿里斯塔克斯由此得出结论：太阳极其大，比地球大得多！因此，阿里斯塔克斯早在二十三个世纪前就提出了这个观点：小小的地球在绕着庞大的太阳跳舞，而不是相反。

4. 要等到哥白尼（16 世纪）和开普勒（17 世纪）的时代，上述思路才显示出它在解释行星运动方面的有效性。但是，凭借伽利略（17 世纪）在他所著的《关于托勒密和哥白尼两大世界体系的对话》中所展现出的雄辩，人类才相信，和我们的直觉相反，地球确实在运动。

5. 基于哥白尼、开普勒和伽利略的研究成果，最伟大的科学家牛顿（17 世纪）建立了现代物理学。他想知道是什么让地球和其他行星沿着各自的轨道运转。他想象所有物体都在欧几里得几何描绘的物理空间中（牛顿的观点）以恒定的速度（伽利略的观点）做“自然”运动（亚里士多德的观点），但受到“力”的作用而发生偏转。他以精湛的数学技巧说明，将行星和月球维持在其轨道上的力，正是把我们往下拉的“引力”。隔空起作用的“力”这个概念是牛顿的天才设想。他很早就察觉到，除了实体物质的碰撞之外，还有别的因素在起作用。

6. 法拉第和麦克斯韦（19 世纪）在研究电场力和磁场力时意识到，力并不是瞬时的。原因和结果之间存在时间差，即光的传播时间。光速很快，时间间隔很短。牛顿几乎是对的，效应几乎是瞬时的，但确切来说并非如此。弥漫在空间中的“某种东西”将力从一个物体逐渐传导到另一个物体。我们把法拉第设想的这种“东西”称为“物理场”：电场、磁场、引力场都是力的媒介。麦克斯韦写出了电场和磁场的方程。

7. 爱因斯坦（20 世纪）在寻找引力场方程（也就是史瓦西得出解的方程）时做出了一个发现，堪称阿那克西曼德意识到地球无依无靠地悬浮在虚空中以来最惊人的发现，那就是，用米尺和时钟测量出的空间和时间的几何形状，正是由引力场（即承载引力的场）决定的。因此，引力场方程也描述了空间和时间是如何弯曲的（两者其实是一回事）。这就是万有引力——受物体影响而出现的时空弯曲。空间的弯曲包含了时钟相对变慢的情形，我们由此获知了时间的弯曲。

地球的质量使其周围的时间变慢。这种变慢的幅度很小，但我们可以用非常精确的时钟将其测量出来。时间变慢最显著的影响就是我们熟知的重力，重物向下坠落就是时间变慢的直接后果之一。要详细说明这个过程，需要用到一些数学知识，简而言之，一块石头落下，是因为它在局部时间变慢所弯曲的时空中走直线。

引力是空间和时间弯曲的结果，这个惊人的观点就是爱因斯坦的广义相对论。这个观点非常简单（就和阿那克西曼德的观点一样），同时也令人费解（也和阿那克西曼德的观点一样），它对我们习以为常的事提出了挑战，这个事实便是物理空间的几何形状必须是我们在学校里学的欧几里得几何形状，而且所有地方的时间必须都以同样的方式流逝。

题外话到此为止。[2]

5

好了。我们来到了视界的边缘。让我们跨越它。芬克尔斯坦已经告诉过我们，不必担心世界会在这里终结。这已经不是阴郁的词第一次向我们表达言过其实的威胁了——*进来的人们，你们必须把一切希望抛开！*[*]

因此，就让我们怀着纵身跃入未知世界的勇气进去吧。我们的耳中响起尤利西斯的声音：*你们不要不肯利用它去认识太阳背后的无人的世界，细想一想你们的来源吧，你们生来不是为了像兽类一般活着，而是为了追求美德和知识*。我们就如同尤利西斯的伙伴，*把我们的桨当作翅膀，来做这飞一般的疯狂航行*。

如今我们置身于黑洞之内，*置身于幽冥世界的秘*

---

* 引自但丁：《神曲》，田德望译，人民文学出版社，2018。本书所摘引的《神曲》片段均出自该译本。

密之中。

如果我们有上好的星图，我们就能发现，此时我们已经越过了视界，再往家里寄信就太迟了，我们已经来不及刹车或者回头。甚至光都不能从视界里逃逸，更别提我们了。无论我们拥有多强大的火箭，我们现在都没法避免朝中心坠落了。

要想脱身，我们就要走另一条路。

只要稍加留意，我们就能意识到自己正处于一个黑洞之内，看看四周就可以了。在黑洞内部，空间是球状的，在外面，在视界周围也一样，只不过在外面时，我们可以利用足够强大的火箭，向更大的球形移动（向上移动）。而在这里，在黑洞内部，不管我们做什么，都会发现自己置身于逐渐变小的球体上。引力拉着我们向下，它太强大了，我们完全没办法阻止自己下坠。

因此，就像但丁和维吉尔在地狱之环里一样，我们开始下降。

◎

在幽冥世界里，黑洞内部空间的几何形状确实很像但丁所描绘的地狱。你可以想象一个漏斗，一个非常非常长的漏斗。在任何时候，你都可以把黑洞内部想象成这个漏斗。[3] 黑洞越古老，它的内部空间就越长。一个非常古老的黑洞的内部空间可以长达数百万光年。这里有一张图片，它可以帮助我们了解特定瞬间下的黑洞内部是什么样的。[4]

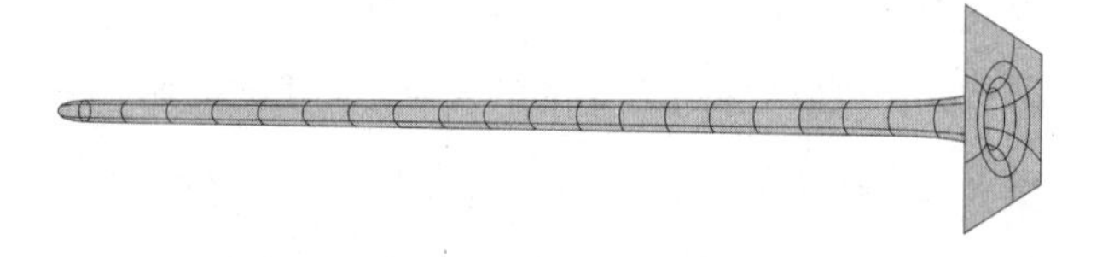

这个漏斗虽然巨大，但它的长度并不是无限的。在漏斗底部，那颗坍缩的恒星仍然存在，正是恒星坍缩导致了黑洞的诞生。

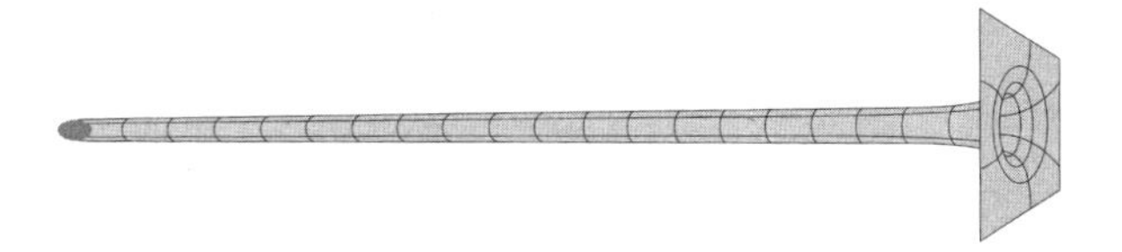

我们知道，但丁笔下的地狱始终保持不变，而我们这里的情形有所不同，这个漏斗会随着时间的流逝变长变窄。

为了说明这一点，我在下边画了一串连续的漏斗，每个漏斗都代表一个时间点的黑洞内部空间。我遵照物理学家的习惯来画这个序列，越晚近的时间越靠上。（我也不知道为什么要这样画，我们可能是从地质学家那里学来的，他们总是将过去画在下层，因为更古老的地层总在更深处。）因此，这幅图应该从下往上看，越往上，管道就变得越长、越窄。

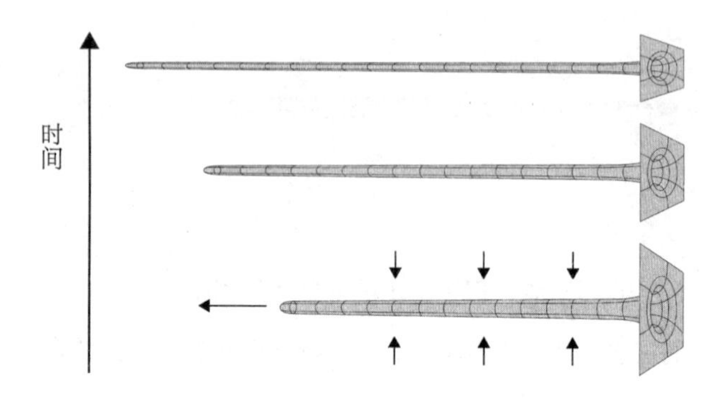

假如我们进到黑洞里，我们每一刻都处于这个漏斗的某个点上，并且逐渐向下。

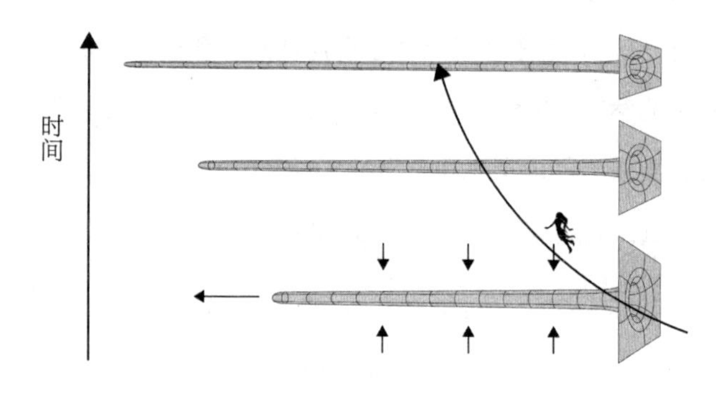

这就是黑洞内部空间的形状：一个巨大的深渊（它是那样地黑暗、深邃、烟雾弥漫），我们坠落得

越深，它就收得越紧，而我们永远没法到达它的底部，导致这个黑洞诞生的恒星坍缩的地方。

如果从来没人进去看过，又回来讲给我们听，我们是怎么知道这些事情的？我们之所以知道这些，是因为爱因斯坦方程描述了黑洞的内部。除非有什么证据让我们起疑，否则我们没有理由不相信这些方程，它们做出过一些既美妙又出乎意料的预测，到目前为止，这些预测全都得到了验证。

这些方程是我们的好向导。就像温和的维吉尔一样——*你是向导，你是主人，你是老师*——爱因斯坦方程为我们指明了深入幽冥世界的方向。

6

但是，最好的向导也会无法继续指引我们，这只是时间问题。迟早会有一些事让我们对其产生怀疑。据说中国的佛教大师、禅宗的临济义玄禅师就曾说过“逢佛杀佛”。[5]

漏斗底部，即我们下坠之处，有一些时空弯曲得极为强烈的区域。在那里，我们预计量子隧穿效应会介入，正如极端条件下经常发生的那样。爱因斯坦方程并没有考虑到这些现象，它们被忽略了。爱因斯坦方程不适用于这些区域，我们失去了向导。

事实上，爱因斯坦方程到了某个时刻确实会失效，如果我们继续使用这些方程，它们会不再成立。爱因斯坦方程预言几何形状会无限弯曲，在这里它们会失效：方程中变量的值变得无穷大，而我们无法再继续下去。爱因斯坦的理论，我们的可靠向导，此刻弃我们而去。我们把这些区域——点、尖、褶皱——

称为“奇点”。

但是魔鬼总是藏在细节里。让我们看看爱因斯坦方程在何处失效。请注意，正是这一处细节引发了最多的困惑，至今仍有不少人对此迷惑不解，其中包括一些最优秀的科学家。哈尔和我恰恰是因为搞清楚了这一处细节，才得以走出僵局。

我们可能会很自然地认为，奇异之事发生在漏斗的底部，黑洞的中心，也就是下图的深色区域。

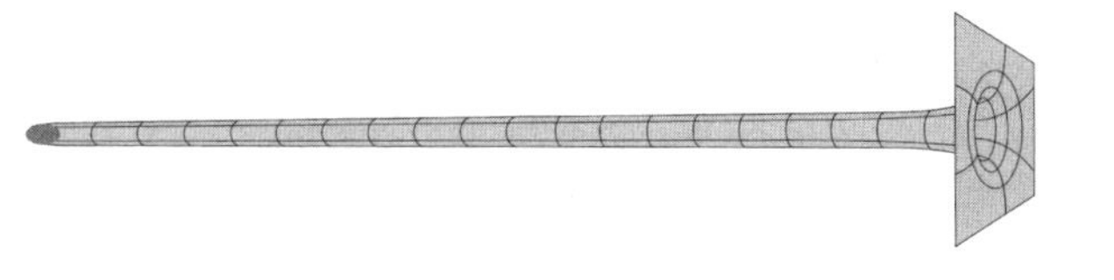

但事实并非如此。漏斗的中心只有坍缩的恒星，没有什么奇点区域。爱因斯坦方程在那里仍然有效。

但是怎会如此？如果我们进入一个非常古老的黑洞，恒星不是早就坍缩了吗？从它开始坍缩起，不是已经过去很久了吗？向其自身坍缩的恒星在很短的时间内就会被挤压成一个点。已经过去了那么久，它怎么可能还在那里坍缩？

时间……时间……永远是问题的关键。一个人眼中的“很长时间”对另一个人来说未必很长。对我们来说的“很长时间”对恒星来说并不长。在漏斗深处，时间的流速急剧减缓。外边可能已经过去了数百万年，但黑洞的中心仅仅过去了几分之一秒……不，[6] 恒星仍在拉伸变细的长漏斗底部继续坍缩，因为它的时间只过去了不到一秒。无限弯曲的区域、爱因斯坦方程的失效之处，那个有趣的区域，并不在那里！

它在未来。它在上一幅图所描绘的时间段之后。它在这幅图的深色区域里。

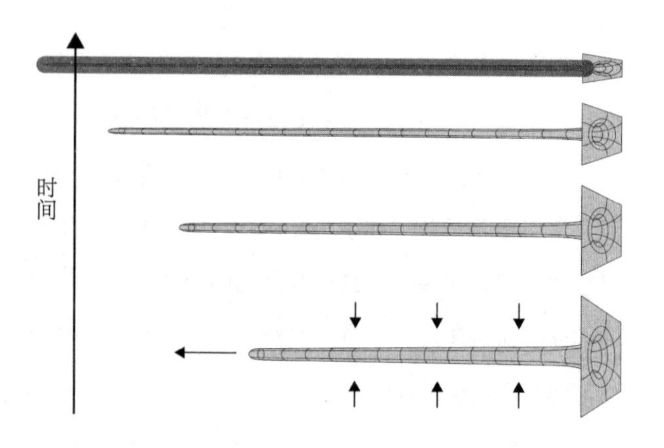

随着漏斗的直径逐渐缩小，圆筒变得愈发卷曲，就像一个越卷越紧的卷轴。漏斗越窄，时空弯曲就越剧烈。当它达到关键的“普朗克尺度[7]”，也就是我们预期空间和时间会出现量子现象的尺度，我们就进入了量子现象违反爱因斯坦方程的区域[8]，即下图中的深色区域。

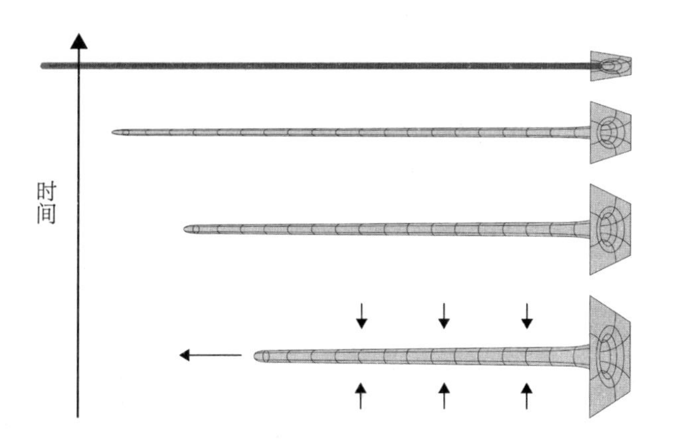

如果我们无视这些现象，继续信任爱因斯坦的理论，那么根据方程的预测，空间的挤压将一直持续下去，直到灾难性的后果出现：细长的管道变得越来越

长、越来越细，直到变成一条线（同时把我们也挤成一条线）。

然后呢？没有然后了。空间坍塌了，时间终结了，我们撞上一堵墙。单从爱因斯坦的理论来看，时间就到此为止了。

因此，奇点区域，即量子区域，位于未来。在那里，管道被挤压成一条线，变得无限长。奇点区域并不在黑洞这个球的中心，那里永远只有坍缩的恒星，可惜，很多人仍然保持着这种误解。这正是人们对黑洞感到困惑的根源。

换句话说，要想理解黑洞是什么，我们就不能把它想象成一个中心有奇点的静止圆锥体，而是要把它想象成一根长长的管道，底部是诞生了黑洞的恒星。这个管道不断拉长、变窄，在未来会挤成一条线。奇点不在中心，而是在中心之后。这就是整个故事的关键所在。

坠入黑洞之后，这就是我们的最终所在。那是最低的地方，又是最黑暗的、距离环绕着一切的那重天最远的地方。

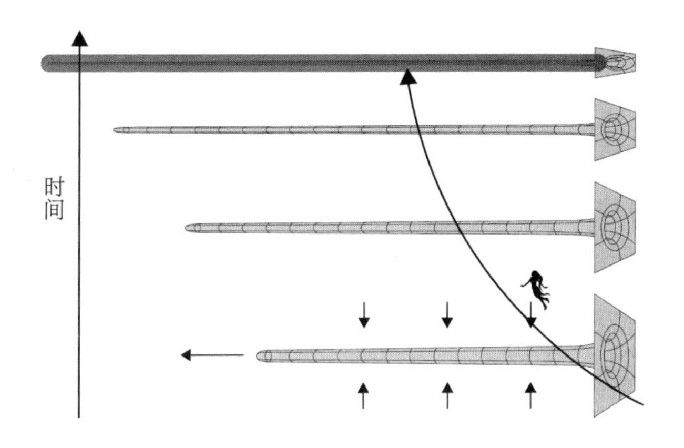

于是我们来到了量子区域。接下来会发生什么？

爱因斯坦方程是我们的向导，也是物理学中最美丽的方程，陪伴了我的整个科学生涯，但现在，这些方程已经不够用了。现在我们没有向导了。但维吉尔已经走了，我们见不着他了。维吉尔，最和蔼的父亲，维吉尔，我为了得救把自己交给了他。

接下来会发生什么呢？那天下午，我和哈尔在马赛探讨的正是这个话题。

7

当导师不能再指路，我们要如何前行？没有星星，航路可能更美，但我们要如何学习尚未知晓的新知识？

举例来说，如果你想学习一些新知识，你可以到处去看看，去翻山越岭。正因为如此，孩子们才要出门旅行。我们也可以让别人替我们去看。别人的学识会通过一个故事、一节课、一个维基百科页面、一本书来呈现在我们面前。亚里士多德和狄奥弗拉斯图去了莱斯沃斯岛，仔细观察了鱼类、软体动物、鸟类和其他动植物，然后把一切写进书里，由此开启了生物学的世界。

为了看得更远，人们开始利用工具。伽利略举起望远镜望向天空，看到了我们从未想象过的东西。他为我们打开了浩瀚的天文学世界。物理学家分析元素光谱，收集原子数据，打开了通往量子世界之门。大量新知识都来自精确的观测。但是，黑洞的底部是我们既不可能到达、也不可能观测的地方，因为就连光都无法离开黑洞……

幸好，就算我们不能亲自前往黑洞，我们还可以利用思维。让我们来想象改变视角，换一种方式来看待事物。

我在第四章中列出的第一个人，阿那克西曼德，他被铭记为古代世界第一个绘制出地图的人。地图是描绘大片区域的图画，就像人类在飞得比鹰还高的时候能看到的那样。在此之前，在数千年的文明、旅行和贸易活动中，还没有人想到过要这么做。这不是一次容易的飞跃，我们习惯于从近处看地球，有谁从那么高的视角看过它？把自己当作一只鹰，去想象从高处能看见什么，这就叫改变视角。阿那克西曼德有足够的想象力来这么做，他更有足够的想象力去设想从高处看地球会是什么样子。因此，他是第一个想到俯瞰地球的人，就像阿姆斯特朗和科林斯从月球上看地球一样。

古代最伟大的天文学家是喜帕恰斯。他有一项成就，可以完美诠释用思维去往别处的功效，这项成就就是地月距离的计算。我用下图来概括和说明（这幅图的比例失真，太阳离我们远得多，也大得多）。

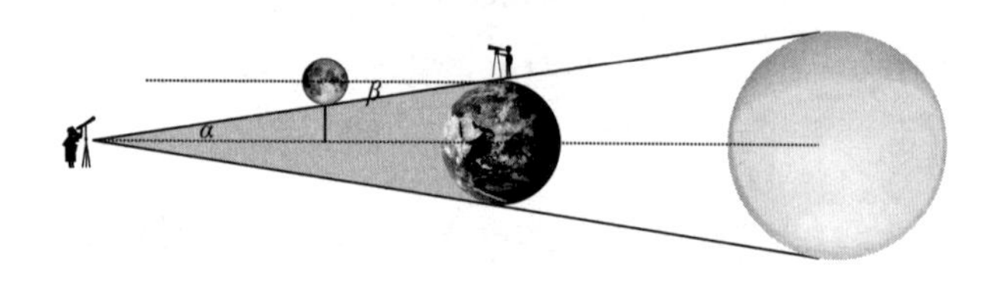

喜帕恰斯想象自己飞到了由地球产生的锥形阴影区域的顶端。从那里看过来，地球正好遮住了太阳。因此，α 角是太阳可视范围的角度的一半。β 角是月球可视范围的角度的一半。太阳和月球在天空中呈现出的大小一样，所以 $\alpha=\beta$。欧几里得几何告诉我们，两条虚线是平行的，图中显示，月球半径加上（月球所在处）阴影圆盘的半径，其长度就等于地球半径。对日食的观测结果表明，阴影圆盘的半径是月球半径的 2.5 倍，因此地球半径是月球半径的 3.5 倍。如果我们把一枚直径为 1 厘米的硬币放在距眼睛 110 厘米处，它就能遮住月球（你可以试试），因此地球和月球的距离是硬币直径的110倍。由此可知，用110除以3.5，地球和月球的距离是大约是地球直径的30倍。完全正确！太棒了。这些都是我们站在花园里，用裸眼就能做到的简单观察！

喜帕恰斯精巧的几何论证的第一步，是思考这个问题：假如我飞到地球的阴影区域的顶端，我会看到什么？想象自己身处那个离地球万里之遥的地方，在星际空间中，然后回头，看到地球遮蔽了太阳……用你的思维去看。

哥白尼观察太阳系的方式，就好像他站在太阳上一样。开普勒骑着母亲的扫帚飞行。爱因斯坦想知道骑在一束光上能看到什么……把自己抛到离日常经验越来越远的环境里，想象自己从一个不同的视角观察一切吧……思考一下，假如我们进入黑洞，会看到什么。

但是，怎样才能用思维之眼去“看”呢？阿那克西曼德没有和鹰一起飞行，开普勒没有骑扫帚飞行（肯定没有），爱因斯坦也没有骑上一束光……我们怎样才能去那些无法抵达的地方看一看？

我认为，答案在于去摸索一种微妙的平衡。要在“带走多少东西”和“留下多少东西”之间取得平衡。带走的东西可以让我们知晓接下来会发生什么事。为了进入黑洞，我们用爱因斯坦方程预测它的几何形状。爱因斯坦采用了麦克斯韦方程。开普勒采用了哥白尼的成果。这些东西是地图、规则、一般规律，我们信任它们，因为它们一直有效。

同时我们也知道，有些东西必须抛下。阿那克西曼德抛开了“万物平行坠落”的观点，爱因斯坦抛开了“所有时钟走得一样快”的观点……如果我们丢掉太多东西，便没有了前进的工具；但如果我们带着太多东西，就找不到通往新知的路……我认为除了尝试和犯错以外，再无成功的秘诀。尝试再尝试。这就是我们要做的事：怀着深爱，长久学习。

我们以各种方式组合、重组已知之事，寻找一种能够阐明某些东西的组合。以前看似不可或缺的部分如果阻碍了我们，我们便将其舍弃。我们谨慎地冒险，徜徉在知识的边界，逐渐熟悉它，长时间地徘徊，来来去去，摸索缺口。我们尝试新的概念和新的组合。

我们的新概念取自旧概念，经过了调整和修改。我们总会通过类比进行思考。牛顿的“力”是从日常经验中的推力借鉴而来的。法拉第的电场和磁场遍布于空间之中，是从农民那里窃得的。*爱因斯坦意识到时间有时候快有时候慢，可我们不是一直都能从经验中感知到这一点吗？

西方人能够有效地利用类比思维的创造力，一代一代地构建新概念，为当今的世界文明留下了辉煌的科学思想。然而，其实是东方人最早、最清楚地认识到，思想是通过类比而不是演绎推理来发展的。最早墨家就已经分析了基于类比的论证逻辑。人类历史上最伟大的著作之一《庄子》也隐含了这套逻辑。科学思想充分利用了逻辑和数学的严密性，但这只是它获得成功的两条腿中的一条，另一条是概念结构的不断

* 场的英文 field，原意是“田地”。

演变所释放的创造力，而概念的演变正是以类比和重组为基础的。

电磁场并不是麦田，爱因斯坦的时间膨胀不是因为无聊而感受到的，引力中也没有人推和拉，但这些类比都是显而易见的。类比是提取一个概念的某个方面，重新用于另一种语境中，保留它的一些含义，放弃另一些含义，这样一来新的组合就产生了新的意义和效用。这就是科学运作的最佳方式。

我相信，这也是艺术运作的最佳方式。科学和艺术都是关于不断重塑我们的概念空间，重塑我们所说的意义。艺术不在于艺术作品本身，更不在于某种神秘的精神世界，而存在于大脑的复杂性中，存在于万花筒般的类比关系之网中。我们的神经元通过这个网络对艺术品做出反应，并编织出我们所说的“意义”。我们沉迷其中，因为这让我们稍稍摆脱了惯常的梦游状态，重新唤起了看到世间新事物的喜悦。科学带来的快乐也是如此。维米尔画中的光线向我们展示了一种光的共振，此前我们从未捕捉到它；萨福的诗句（“爱神苦乐参半”）为我们开启了一个世界，让我们重新认识欲望；安尼施·卡普尔[*]的黑色虚空就像广义相对论中的黑洞一样让我们迷惑。就像黑洞一样，它提醒我们，还有其他方式来构思“现实”这块难以触碰的画布……

在观察和理解之间，可能有一段很长的路。知识领域的许多重大进展都是在没有任何新观察结果的情况下，仅仅依靠大脑的思考做出的。哥白尼和爱因斯坦这两位科学巨匠，都是依靠早已有之的观察结果取得了划时代的成果，其中哥白尼使用的观察结果来自一千多年前。我们同样有可能从已知事物中发现新事物，通过那些不合理的细节——不合适的戒指，不再说得通的骰子计数（突破口就在这儿？）——找到最终能将我们置于真相之中的线索。这些线索会指示我们如何重新思考。

正是改变思维结构的能力让我们实现了飞跃。想想哥白尼所做的事吧。在他之前，世上的事物分为两

* 安尼施·卡普尔，当代著名艺术家，他曾用世界上最黑的材料 Vantablack 创作雕塑，Vantablack 吞噬了超过 99% 的可见光，类似于黑洞。

大类：地上的东西（山、人、雨滴……）和天上的东西（日、月、星辰）。地上的东西会掉落，天上的东西会转圈。地上的东西是短暂的，天上的东西是永恒的。这种观念非常合理，一个人需要有无畏的勇气才能提出另一种组织世界的方式。哥白尼真的这么做了。他的宇宙以另一种方式划分。太阳自成一类。行星都属于同一类，地球只是其中之一，连同地球上的一切。因此山、人、雨滴，都和天空中的小点——金星和火星——属于同一类。月球……嗯，它是另一类……一切都绕着太阳转，但月球绕着地球转。

改变事物的秩序并不容易，但这正是科学最擅长之事。我们的概念结构既不是最终确定的，也不是唯一可能的，它是我们在进化过程中拼凑而成的，用来指导我们的日常生活。它没有理由在日常生活之外还要继续运作。将万事万物划分为地上的东西和天上的东西，这对日常生活来说没有问题，但对理解宇宙和我们在宇宙中的位置来说就不行了。

爱因斯坦方程预言，奇点处于黑洞的未来。我们要如何重新认识现实，才能跨越奇点？奇点的另一面是什么？穿过爱丽丝之镜，另一面是什么？

我们该留下什么，又该带走什么，才能轻盈地穿过镜子，越过广义相对论预言的时间尽头？

第二部分

1

我们终于来到那个夏日。哈尔在我的书房里，在几个月的尝试、错误、误入歧途和放弃想法之后，他建议我们把时间翻转过来，用隧穿效应连接两个时空。这是什么意思?

他想说明在奇点之外可能会有什么。

这个想法基于最简单的类比。黑洞的形成就是一次坠落的过程：一颗燃烧完的恒星被其自身的重量挤压而坍缩；进入黑洞的物体会坠落；空间本身，也就是前几页图中长长的管道，同样也在经历挤压和坍缩。

物体坠落时会发生什么？它们会先落到底，然后……反弹。如果我让一个篮球落到地板上，它就会反弹然后再次上升。

球反弹以后是怎样移动的？想一想吧，它的移动方式就好像倒着播放它下落的影片，让时间倒流。反弹的球就和坠落的球一样，只不过我们是从结尾开始看的。就好像下落的影片被倒着播放了。

我们已经看到，黑洞的奇点区域并不在“中间”，而在坍缩结束之处。在黑洞坍缩到底的那一刻，也就是在前面那些图的深色区域，它能不能像篮球一样反弹，就像时间倒流一样？[9]坠落的轨迹是一个黑洞，如果我在想象中拍摄黑洞的一生，并将影片倒放，我会看到什么呢？

我看见一个白洞。

2

那么，白洞是什么？

今天，我们能在天空中看到许多黑洞，但是，正如我说过的那样，我们早在看到黑洞之前就已经知道它们了。由于爱因斯坦的方程，我们知道了它们看起来会是什么样。很多人（比如我在马赛的系主任）怀疑黑洞并不真实存在——它们似乎太奇特了。但黑洞是理论家已经非常熟悉的东西—— 一个方程的解。

白洞也是同样的东西——爱因斯坦方程的一个解。因此，我们对白洞也非常熟悉。

事实上，白洞甚至不是爱因斯坦方程的另一个解。它跟描述黑洞的解是一样的，只是时间符号颠倒了。同样的解，只是看起来像反演了一遍。如果我们能把黑洞的坍缩过程拍下来并倒着放映的话，那就是白洞。

爱因斯坦方程和所有基础物理学的方程一样，并不区分时间的方向，也不区分过去和未来。这些方程告诉我们，如果某个过程可能发生，那么同样的过程也能反演。[10]

假如黑洞在它旅程的终点反弹，像一个反弹的篮球一样，沿着时间，反演它之前的轨迹，那么……它就变成了白洞。

下图展示了黑洞内部空间的演变过程。

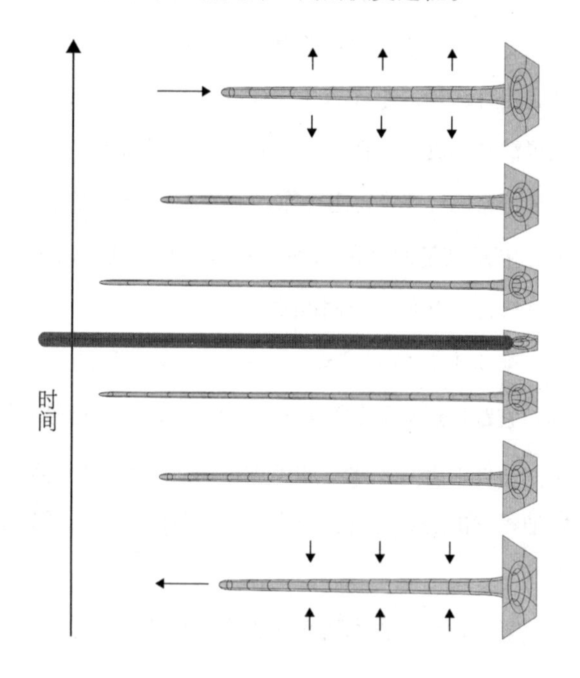

进入量子区域（深色区域）后，管道不再拉长和收缩。它反弹回来，开始缩短和变宽。

人们可以进入黑洞，却出不来。与之相反，人们可以从白洞中出来，却进不去。（如果我把进入洞中的东西拍摄下来，然后倒着播放，我就会看到有东西从洞里出来。）所有进入黑洞的东西都可以穿过深色区域，进入白洞，然后再出来。

很简单，不是吗？

然而，这一切真的有可能发生吗？要让黑洞转变为白洞，空间和时间就必须穿过图中的深色区域。在那里，它们将会违反爱因斯坦方程。也许只在一瞬间，也就是反弹时，但必然会违反方程。

我们预料到爱因斯坦方程会被违反，我们预料到在我们抵达奇点之前，量子隧穿效应就会发挥作用。但是它们会允许这样的反弹发生吗？

物理学家对原子、电子、光、激光的量子物理学特性非常熟悉。但在此处，我们探讨的是空间和时间的量子物理学特性。

这就是我对黑洞和白洞兴趣浓厚的原因。我毕生都在试图准确理解空间和时间的量子形态。我想知道当空间和时间都是量子态时，我们需要怎样的概念结构来带领我们前进。这是我的挚爱。我知道这是旧时的火焰的征象！我看到它在黑洞的底部闪闪发光。

我在理论物理学领域所做的主要工作是参与构建描述量子时空的数学结构，我们构建的数学结构名为圈量子引力。要想理解由时空的量子形态主宰的黑洞区域会发生什么，我们就需要这一理论。在黑洞中，我们直觉感受到的连续空间和连续时间不再有效。现在你将看到理论是否成立。这里将显示出你的高贵。

3

“量子行为”是什么意思？[11]最简单的量子特性是粒子性。在微观尺度下，所有过程都表现出粒子性。我们在低强度下观察到的光呈现出光的颗粒（即光子）的形态。

将这一基本概念应用于空间，就意味着世上存在一种尺寸有限的基本空间颗粒，即空间量子。任意小的东西并不存在，可分性是有下限的。空间是一个物理实体，它和其他的物理实体一样，是颗粒性的。[12]爱因斯坦的理论与量子理论的数学表述相结合，便得到了这一结果。

得出这一结果所需的数学知识是罗杰·彭罗斯多年前提出的，他是一位了不起的英国相对论专家，2020年获得了诺贝尔奖，当时我正在撰写这本书的初稿。这些数学知识源自一个简单的类比——网络。网络是通过链接连起来的节点的集合。节点就是基本空间颗粒。它叫“空间量子”，正如光子是光的量子一样。光子在空间中移动，而空间量子本身就是编织空间之网的微粒。

网络中的链接将相邻的节点连接起来，使节点的集合成为一个连通的结构，即“空间”结构。罗杰·彭罗斯将这些结构命名为“自旋网络”。“自旋”一词源于空间对称性的数学表述，旋转在其中扮演重要角色，在英文中，这个词是“spin”。[13]

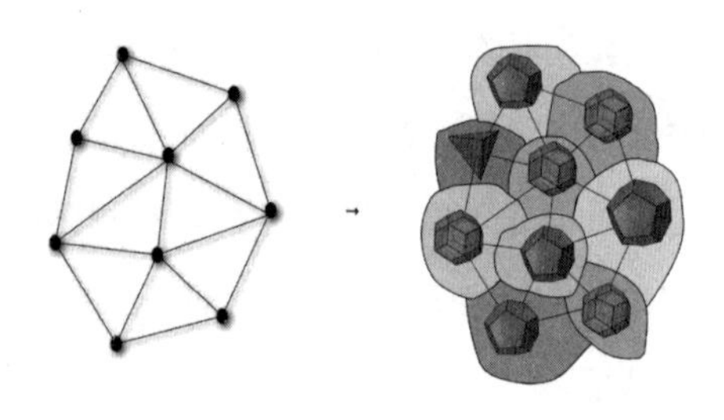

自旋网络及其代表的空间量子的直观图像

1958 年，英国人彭罗斯遇到了美国人芬克尔斯坦，芬克尔斯坦不仅了解视界的运作原理，还点评过丢勒的版画。当时，芬克尔斯坦前往伦敦，针对他刚刚破译的黑洞视界发表演讲。彭罗斯则刚刚完成了他在牛津大学的研究，来到伦敦参加芬克尔斯坦的讲座。讲座结束后，两个年轻人进行了长谈。彭罗斯此时已经开始构建自旋网络的初始数学模型，在交谈过程中，他向芬克尔斯坦讲解了这些数学知识。

谈话后，两个人都有所改变。彭罗斯开始热衷于研究黑洞。芬克尔斯坦的讲座点燃了他的热情，这份热情促使他在随后的几年里证明了黑洞形成的过程是不可避免的，并在六十年后因为这一成果获得了诺贝尔奖。另一方面，芬克尔斯坦对离散空间结构燃起热情，而这正是彭罗斯通过提出自旋网络开启的探究。后来芬克尔斯坦很长时间都致力于寻找一种由基本量子组成的对时空的量子化描述。由于一次奇特的交汇，这两位冒险家，思想世界的探索者，互相交换了兴趣。[14]

上述长谈发生的时候，我只有两岁。三十五年后，我与李·斯莫林一起重现了自旋网络的数学表述以及它所描述的颗粒空间。我们的方法是将量子理论的技巧应用于广义相对论，并将彭罗斯和芬克尔斯坦在三十五年前交流过的两个研究领域结合起来。

1994 年，李经常来维罗纳看我。（他不只是为我而来——我后来才意识到这一点，他其实是被我在维罗纳的一位美丽的朋友迷住了。）我们开始计算空间基本量子的特性，并且意识到我们正在重新发现彭罗斯的自旋网络。那时候，李会飞往牛津，请彭罗斯解释数学上的细节。从那时候开始，罗杰·彭罗斯对我们来说就像一位非凡的兄长。不过，我们还是先回到黑洞那里吧。

如果空间是颗粒性的，那么黑洞的内部就无法被挤压到比单个颗粒更小。黑洞内部管道的收缩过程必须在奇点之前停止。那时，黑洞内部会发生什么呢？

4

量子现象的第二个特性是事物的属性并不总是确定的。一个粒子并不总有确定的位置，实际上，它一般没有位置。当它撞上另一个粒子并抵达屏幕时，它就有了位置。在发射和到达屏幕之间，粒子没有确定的位置。它在跃迁。我们可以认为它像波浪一样扩散开来，只在撞到什么东西时才会重新聚焦。

现实的这种宛如波浪的特性的结果之一就是“隧穿效应”。隧穿效应是指物体能够穿过它原本无法穿越的障碍。想象一下你把一颗弹珠扔向一堵墙，按照经典物理学原理，它是无法穿过这堵墙的。而现实情况是，弹珠有一个（可能性很小的）机会穿过墙壁，到达另一边。这就是隧穿效应。隧穿效应之所以得名，是因为弹珠有概率找到一条（假想的）“隧道”来让它穿过任何障碍。

这就是哈尔最初的想法：黑洞内部可以穿过爱因

斯坦方程所禁止的区域，即前文图中的深色区域，并借助隧穿效应“抵达另一边”。

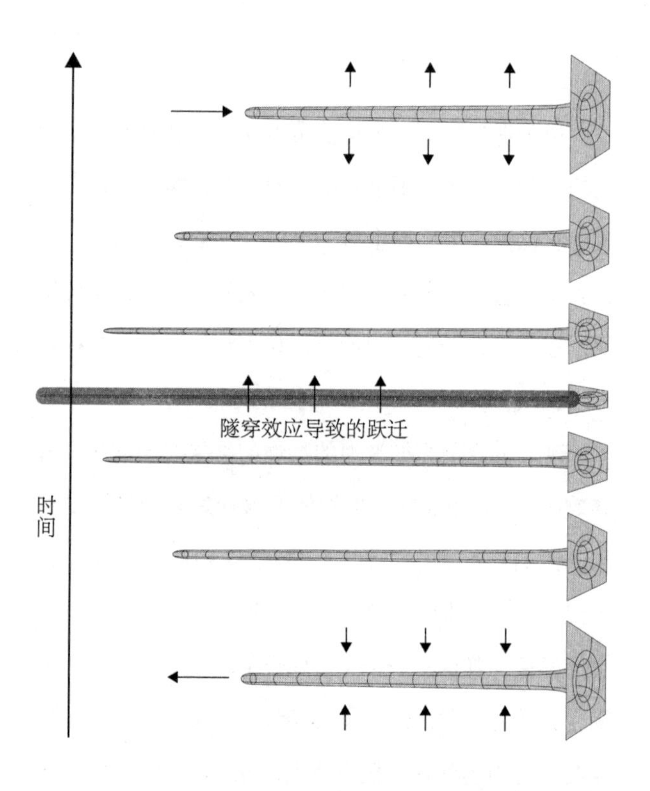

因此，空间和时间的量子特性允许黑洞内部“跳跃”到奇点之外，而经典方程会让时间停止。在这

里，发生跃迁的不是一个粒子，而是时空本身。时空的跃迁并不是出现在空间和时间中的现象。它是一种既非空间也非时间的现象，是从一种空间构型到另一种空间构型的量子跃迁。圈量子引力论正是描述了这种量子跃迁。

一般的量子力学方程给出的，是空间中的物理系统从一种构型跃迁到另一种构型的概率。圈量子引力方程给出的，是一种空间构型跃迁到另一种空间构型的概率。

跨越爱因斯坦理论预言的时间终结的区域后，在那短暂的一瞬，时间和空间都不复存在。

看，空间和时间的量子特性在这里闪烁。我们可以跨越爱因斯坦理论所指的现实边缘，到达另一边。圈量子引力方程可以计算出这种情形发生的概率。

这就是关键。这个科学难题、黑洞的命运以及这本书，三者的关键均在于此。越过广义相对论所预言的时间的尽头，是有可能发生的。量子理论预言了这样的跃迁，也决定了它的量子特性。这是一次真正的跃迁，就像所有量子跃迁一样，是连续性的断裂。时空连续体出现了瞬时的裂痕。然而，它能被我们所掌握的方程捕捉并描述出来。量子引力方程描绘了一个比简单的时空连续体更丰富的世界。

但丁在爬上炼狱山以后失去了维吉尔，但就在那一刻，他情绪奔涌，看到了现身的贝雅特丽齐——我知道这是旧时的火焰的征象！

在贝雅特丽齐的眼睛、太阳和他自己的眼睛之间的炽热互动中，但丁跨越了宇宙的尽头。贝雅特丽齐凝望着太阳，但丁凝望着贝雅特丽齐的双眼，然后，顺着她的目光，他也开始凝望太阳。我们的官能在那里能做到许多在这里做不到的事。但丁被光芒侵袭……忽然白昼似乎加上了白昼，他再次迷失在贝雅特丽齐的眼中……

贝雅特丽齐站着，全神贯注地凝望永恒运转的诸天。我的眼光也离开太阳注视她。

…………

我发现那时天空的极大部分被太阳的火焰点燃起来，霖雨或河流从未造成这样广阔的湖面。

然后他飞越时空。

5

让我们重新拿出黑洞转变为白洞的那幅图，再给它添上一些细节。

我在这幅图中添上了恒星的轨迹，恒星在其自身周围形成黑洞，反弹，最终从白洞中离开。恒星始终停留在长漏斗的底部。我还在图的右侧添加了黑洞和白洞的外部。

深色区域是量子跃迁区。其余部分必须全部符合爱因斯坦的理论。

我把量子跃迁区域分为三个部分，将它们分别称为 A、B、C，因为在技术性文章中，这三个部分的叫法就是这样，没什么想象力（而且还不按顺序）。

A 区是从黑洞的几何形状到白洞的几何形状的内部通道。近年来，有不少研究团队用圈量子引力对这种跃迁进行了研究。细节未必总能保持一致，但几乎所有研究都表明这种跃迁是有可能发生的。

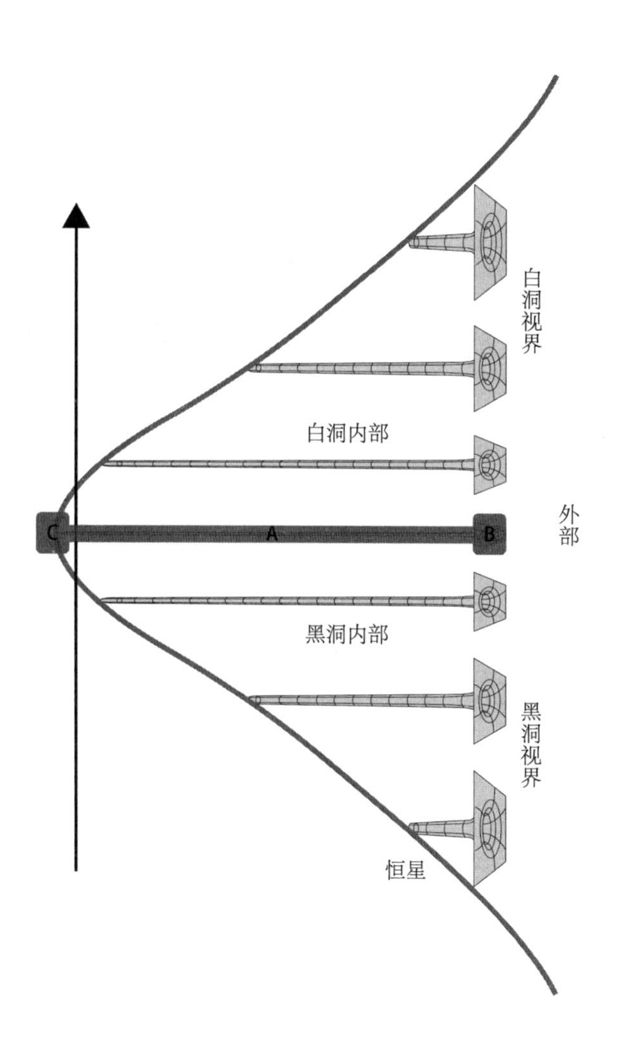
白洞视界
白洞内部
C
A
B
外部
黑洞内部
黑洞视界
恒星

C 区是恒星的反弹区。根据圈量子引力理论，这与宇宙大爆炸时的情形非常相似。大爆炸可能是一次大规模的宇宙反弹（“大反弹”），压缩的宇宙达到了量子所允许的最大密度，然后反弹，并且开始膨胀。在黑洞里，反弹的不是整个宇宙，只是恒星，但两者的物理原理十分相似：在极大的密度之下，量子是离散的，产生的压力阻止了进一步的压缩，并导致了反弹。在这两种情况下，量子引力现象产生了压力，将坍缩变成了反弹。

在压缩达到最大程度的那一刻，被压缩到极致的恒星被称为“普朗克恒星”[15]，因为它已经达到了量子引力的尺度，即普朗克尺度。[16] 推而广之，“普朗克恒星”也是整个现象的名称——恒星坠入黑洞，反弹，离开白洞，重新出现。

在数学层面最难处理的区域是 B 区，即视界从黑到白的量子跃迁。对这一转变的计算正在进行当中。这些计算基于一种名为“协变”的圈量子引力理论，它还有一个更好听的名字——“自旋泡沫”……

我正在重读这些句子，进行不知道第多少遍的修改。我身处维罗纳，就在以但丁命名的广场上，我的面前便是他肃穆的雕像。我坐在焦孔多凉廊的大台阶上。在这里，我第一次看见了我的初恋。

对我而言，这是我出生的地方，我只要有机会就会回到这里，结束我在世界各地的（快乐的）流放。对但丁而言，维罗纳却是痛苦的流放地，他在这座城市感到了别人家的面包味道多么咸（在维罗纳，面包是咸的，不像在他的出生地佛罗伦萨那样是淡淡的），也感受到走上或走下别人家的楼梯有多么艰难。我面前是法理宫，门口有一段长长的台阶。不过，仔细想想，法理宫原本就在那里，台阶恐怕并非如此。无论如何，在七百年前，但丁肯定常来这里。他在这里写下了《神曲》的《天国篇》。他肯定也曾坐在这个广场上，重读那些文学……

主教堂的回廊旁边有个圣埃莱娜小教堂，我过去常去那里和年轻姑娘们偷偷接吻，直到一位神父大为震惊地把我们赶出去。那里有个牧师会图书馆，或许是全世界最古老的图书馆——我在那里见过公元 3 世纪的羊皮纸和公元 5 世纪的手抄本。但丁曾在那个图书馆做过一次演讲，主题是“论水与大地”，他在演讲中探讨的是，如果大地的自然位置低于水的自然位置，那世上为什么会有陆地显现出来。这是个好问题。有人说他演讲是为了得到一份学校里的教职，当时维罗纳的那所学校正在变成著名的大学。没人知道这个说法是不是真的，总之，但丁没有得到那份工作。人们认为他不够格……也许他只是不够“合群”，他在用自己的方式歌颂整个宇宙。

我跑题了。让我们回到从黑洞到白洞的转变。恒星变得清晰了，内部变得清晰了，视界也变得清晰了。

但这些还不够。最重要的一步还没有完成：如果一切都发生在黑洞内部，那么黑洞外部又会发生什么？如果我们认为黑洞外部没有任何量子现象，那么黑洞外部是如何变成白洞外部的？

要想回应并理解哈尔在那一天洞察到的东西，我们就需要更深入地了解什么是白洞。

请静待惊喜。

6

白洞外部与黑洞外部有什么区别？如果我在外边，我应该如何区分黑洞和白洞？

答案是没有区别。从外部看，我们无法分辨白洞与黑洞。

黑洞会把物体吸引过去，任何质量体都会，白洞也一样。黑洞周围可能有行星在运行，白洞周围也一样。以此类推。你既可以向黑洞坠落，也可以向白洞坠落。

这实在是令人困惑。白洞就像一个反转的黑洞，但这并不意味着引力的吸力变成了斥力。即使时间的方向倒转，引力的吸力也不会变成斥力。[17] 我坚持认为，从外部看，黑洞和白洞的表现完全相同：它们都是通过引力来吸引的质量体。

◎

但是怎么会这样？它们看起来是如此不同的物体：我们只能进入黑洞，也只能从白洞离开。二者怎么可能无法区分？这似乎自相矛盾。

但事实并非如此。广义相对论非凡的建构魔力就在这里闪耀。这是个精致而美丽的观点。请尽量跟上我的叙述。如果你在下边的段落中迷失了，也没有关系，没什么要紧的（很多人都迷失了）。但是，假如你能跟上我的叙述，时间相对论所包含的内容一定会让你惊叹不已。

人可以从白洞中出来，因此我可以看到一块石头自由地离开白洞。那我能看到石头离开黑洞吗？乍一看，这似乎不可能发生。如果石头没法从黑洞中出来，那它又怎么能自由地离开黑洞呢？然而，这是有可能发生的。如果有人在越过视界的前一刻，从正在坍缩的恒星上用巨大的力气扔出石头，那么石头就会飞走。但是从远处看，石头的前半段飞行会非常缓慢，因为从远处看，一切都变得极其缓慢。因此，石头要经过很长时间才会离开黑洞。所以，我能看到石头飞离黑洞，正如我能看到石头飞离白洞一样。[18]

同样的论证反过来也成立。让我们想象一块石头朝着黑洞坠落，它很快就会穿过视界。向白洞坠落的石头则无法穿过视界，因为白洞视界是无法进入的。这似乎意味着，我们很容易从外面区分黑洞和白洞，只要看下坠的石头就知道了。但事实并非如此。还记得吗？你从外边永远看不到石头进入黑洞视界，因为光需要越来越长的时间才能离开！所以你只能看到石头越来越接近黑洞视界，却看不到它进去。如果我们去观察一块朝着白洞坠落的石头呢？就和黑洞一样！你会看到它越来越接近视界，却看不到它进入视界。那么，朝着白洞坠落的那块石头会怎么样？它在很短的时间内就会碰上正从白洞中出来的物质。多长时间呢？从外边看，时间会很长（时间在视界附近变慢了），但对石头本身来说时间却很短……这就是时间弹性的魔力……黑洞和白洞的视界本身并不相同，但从外部看来却完全一样。

视界让黑洞与白洞、过去与未来区分开来，但外部却做不到。

戴维·芬克尔斯坦1958年发表的论文《点粒子引力场的过去与未来的不对称性》展示了视界上发生的情况。这个题目强调了一个关键观点，那就是：黑洞外部的几何形状不会因为时间反演而改变，但这种对称性在视界上被打破了。时间反演时视界不会保持不变。这就是为什么同样的外部可以同时与黑洞和白洞兼容，尽管黑洞和白洞的视界相反。

这一切都让人难以置信，但这就是自然运转的方式。尽管白洞和黑洞内部发生的事情完全不同，但时间在视界上的翻云覆雨手使得它们的外部一模一样。

这就是哈尔那天做出的重要发现。

为什么呢？因为这个发现显示，黑洞内部的情形正如上一幅图片（第79页）所示。神奇之处在于，在视界内部，空间如图所示不断演变，而在外部……什么都没有发生！

量子隧穿效应只发生在时空高度弯曲的区域，与此同时，在外部，在不被量子主宰的地方，一切都继续遵照广义相对论运转。

爱因斯坦方程代表黑洞的解和代表白洞的解可以在外部相互黏合，而不违反方程本身。仅有的违反方程之处我们早已料到。在那里，过于强烈的弯曲产生了量子隧穿效应。

好了！关于在时间尽头之后，黑洞内部会发生什么，我们终于找到了一个看起来很合理的可能。在奇点之外，还有一种时间反演的解：白洞内部。外部什么都不会发生，而黑洞视界就像甘道夫一样，变白了。

7

我还记得那天的心潮澎湃，当时哈尔设想中的情景逐渐变得清晰。拼图的各个部分我们都已经知晓：隧穿效应、爱因斯坦方程的白洞解和黑洞解、空间维度下界的存在、黑洞和白洞的奇怪表现，以及视界上和远离视界处在时间尺度上的巨大差异。还有一个直觉：坠落的东西会反弹，普朗克恒星也会如此。拼图的碎片能拼起来了。

在科学的拼图中，总会有一些碎片拼不上，被我们丢弃。在反弹出现的瞬间，空间和时间究竟发生了什么？量子理论告诉我们，反弹过程中发生的一切并不存在，没有形状、尺寸和其他属性。

我们可以大致想象一下，管道的挤压过程缓缓停下，方向扭转，开始膨胀。但实际上，在这个转变过程中，空间和时间会溶解为一团概率云，在概率云之外，它们才能恢复自己的结构。我们需要丢掉的那块拼图是一种观念：自然界的事件总是被想象成发生在空间和时间之中。

当晚，很多问题仍没有答案。我们必须进行精确的数学计算。类比确实有用，但我们还需要演绎推理，否则我们就会活在幻觉之中。我们必须列出精确描述时空几何的方程，还必须证明，除了量子跃迁之处外，其他地方都符合爱因斯坦方程。我们必须完成量子跃迁的概率计算。

在接下来的几天里，我们完成了这项工作。整个过程欢快有趣，仿佛做裁缝，我们只需要检查各个区域是否互相吻合。复杂的是，描述单个区域的视角都遗漏了一些东西，这正是爱因斯坦和其他人从一开始就感到困惑的问题，而芬克尔斯坦已经解释清楚了。[19]解决这个问题的技巧已经摆在那里，我们用了，而且成功了。我们撰写了一篇文章，做了详细说明，然后发表了它。[20]渐渐地，这个想法开始开花结果。

黑洞可以变成白洞的假说，现在来到了任何一个想培育它的人手中。

◎

没错，那天晚上我们异常开心。很少有事情那么美好，这是一种罕有的、微妙的感受：我们有了一个想法，它也许是个好主意。一个最终能吻合的计算结果，一种我们此前不理解的某事如何运作的洞察，一种微妙的快乐，难以察觉却又无处不在，好像突然间觉得世界特别美好。

也许，那只是做好一件事的满足感，就和我修好了花园的门、做到了我努力想做的某件事以后感觉到的一样。科学研究意味着一连串的失望、不顺利的事、错误的想法、失败的实验，以及不合理的计算结果，偶尔才会有快乐的瞬间。

也许还有别的原因。也许迈出一步的喜悦满足了我们那点想要了解、想要去看看的愿望……总之，是的，那天晚上我和哈尔都非常开心，因为我们想到了一个我们都很喜欢的想法。

不过……不要就此认为我们已经真理在握了。科学总是充满失望。这一次，我们也会失望吗？距离那一天已经过去了很多年。黑洞变成白洞的想法渐渐成熟，被许多人以各种各样的形式研究。我们在天空中寻找证据，但是直到今天，我仍然不能确信我们已经掌握了真理。

科学家和他们自己的想法之间有一种奇怪的关系。谈到有多相信自己的想法时，恐怕没有人能真正做到完全诚实，哪怕是对自己也做不到……科学家必须保持政治正确，保持理性，随时承认自己可能错了。但是，我的内心深处却总有一种冲动，想要喊出："可我确信事情就是这样！"我们会爱上自己的想法，对它们深信不疑……还会不遗余力地捍卫它们。毕竟，我们就像孩子惦念棉花糖一样在乎自己的科学声誉……然而，与此同时，在我们心底的最深处，怀疑永远都在……我们害怕搞错，害怕一切只是自己的妄想……科学就是这样苦乐参半。

保罗·狄拉克，这位最理性、最不情绪化、最有头脑、最自我封闭的科学家，在一次演讲中谈到，科学家在取得一项重大成果之后，很少能亲自迈出下一步，原因就在于，他是第一个对自己的成果产生怀疑的人。狄拉克谈到，在他发现描述电子如何运动的方程以后（如今该方程以他的名字命名，是现代物理学中最著名的方程之一），他很快就发表了计算结果。结果表明，该方程在一级近似中对原子光谱做出了正确的预测。但是狄拉克不敢着手进行进一步计算，以得到更好的近似，因为他害怕计算出错，让大家知道他的方程是错的。

这个想法会成立吗？我自问道。我走在屋后森林的大树下。有时候我觉得这个想法显然是正确的。真的，如果我已经把一切都考虑进去了，还能有什么别的结果呢？我在脑中反复思考，不管从哪个角度考虑，都看不出哪里会有错。而在另一些时候，我会嘲笑自己。我会对自己说："你知道世上有多少错误的想法，在思考它们的人看来却是对的吗？"

疑虑、确信、希望，还有恐惧。那天晚上，我们都很开心。那是美好的一天，我们向前迈出了一步，却不知会走向何方。人正是为此活着。

第 三 部 分

1

大家不会忽略，哈尔提出的这个想法的关键在于时间——白洞就是时间反演的黑洞。

但是，时间真的可以反演吗？大多数现象只会在一个方向上发生，时间不可能倒转。碎掉的玻璃杯不会复原，鸡蛋掉在地上也不会弹起来。过去和未来并不相同。

到目前为止，我对黑洞生命周期的重构都过于简单，忽略了将过去与未来区分开的一切。为了让整个故事更加完整，我们还要考虑到那些无法在时间中反演的现象，也就是黑洞的生命周期中“不可逆”的方面。

这让我们再一次思考时间。为什么过去和未来如此不同？为什么我们只记得过去而不记得未来？为什么我们可以决定明天做什么，却无法决定昨天做什么？这些问题的答案让我深深着迷，近年来我一直在研究这些问题，它们都很棘手，而且最终与我们密切相关。

我会按顺序来说，先从黑洞的生命周期中不可逆的特征说起，然后我会讲一个有趣的争议，科学家们还在为此争执不下。接下来，我会讲一些我所理解的关于时间方向的事，我认为这些东西非常美妙。

1974 年，史蒂芬·威廉·霍金做出了一个意想不到的发现：黑洞会散发热量。[21] 这也是一种量子隧穿效应，但比普朗克恒星的反弹更简单：被困在视界之内的光子本来出不去，但由于量子物理发放给万事万物的通行证，它们还是出来了。它们在视界之下“隧穿”了。

黑洞像发热的炉子一样散发出热量，霍金计算出了它的温度。辐射的热量带走了能量。黑洞损失能量，从而逐渐失去质量（质量就是能量），变得越来越轻，越来越小。视界也变小了。用术语来说，黑洞“蒸发”了。

在各种不可逆过程中，热量的散发是最典型的一种。这种单向发生的过程不可能在时间层面反演。炉子散发出热量，把寒冷的房间变暖。你什么时候见过寒冷房间的墙壁散发热量，把炉子变暖？所有不可逆的过程中，都有热量产生。事实上，在仔细观察之后，我们还发现反过来也成立：只要有不可逆的过程，就会有热量（或者类似于热量的东西）产生。[22] 热量是不可逆的标志，正是热量将过去和未来区分开来。[23]

因此，黑洞的生命中至少有一个方面不可逆转：逐渐缩小的视界。[24]

请注意，视界缩小并不意味着黑洞的内部变小。黑洞的内部仍然很大，只是洞口缩小了。这一点很棘手，让很多人深感困惑。霍金辐射这种现象主要影响黑洞视界，而不影响黑洞内部的深处。因此，一个非常古老的黑洞会有一个奇怪的几何形状，它的内部特别大（因为一直在拉长），但包围它的视界却非常小（因为已经蒸发了）。

一个古老的黑洞就像一个玻璃瓶，在技艺高超的穆拉诺岛陶工手中，瓶子越来越大，瓶颈却越来越窄。

在黑洞变成白洞的那一刻，黑洞视界极小，但内部却极大。一个小小的外壳包裹着巨大的空间，就像童话故事中一样。

2

在童话故事里，人们总会遇到一间小木屋，走进去后，发现里边有巨大的空间。这似乎不可能发生，仅仅是童话故事而已。但我们错了，这在现实中是有可能发生的。

我们之所以会觉得这种现象很奇怪，是因为我们习惯认为空间几何就是在学校里学的欧几里得几何，其实不然。空间的几何形状被引力弯曲了，这种弯曲使得巨大的体积被封在一个非常小的球面之中。普朗克恒星的质量造成了这种巨大的弯曲。蒸发让入口收紧，但巨大的内部漏斗仍然存在。

真是令人惊愕。不过，当一直生活在平坦广场上的蚂蚁发现它可以通过一个小洞进入一个巨大的地下车库时，它也会感受到一样的惊愕。这种惊愕教导我们不要太相信直觉，世界比我们想象的更多变、更奇异。

很小的表面包裹着巨大的体积，这一现象也在科学界引发了困惑。科学家们产生了分歧，争论不休。我将向你讲述这场争论。与本书的其他章节相比，这一章的技术性更强，如果你不想看，可以跳过这一章。这是对一场正在进行的激烈的科学辩论的报道。对那些更专业的读者来说，这一章是必要的，不然他们会提出抗议。

科学家们之间的分歧在于，一个体积大、表面积小的物体能容纳多少信息。在科学界，有些人坚信一个视界很小的黑洞只能包含很少的信息，另一些人则对此表示反对。

“包含信息”是什么意思?

大概是这样：如果一个盒子里装了五个大球，另一个盒子里装了二十个小弹珠，哪个盒子里的东西更多?答案取决于我们所说的“东西更多”是什么意思。五个球更大、更重，所以第一个盒子里有“更多的实体”、更多的物质、更多的能量、更多的东西。从这个意义上说，装球的盒子里的“东西更多”。

但是弹珠的数量比球多。举例来说，如果我们打算给每个弹珠或者每个球涂上一种颜色，以此来传送信号，那么我们可以用弹珠传送更多的信号、更多的信息，因为弹珠的数量更多。从这个意义上讲，装弹珠的盒子里的“东西更多”，细节更多。让我说得再准确些：描述弹珠所需的信息比描述球更多，因为弹珠的数量更多。

用专业术语来说，装球的盒子里有更多的能量，装弹珠的盒子里有更多的信息。

一个已经蒸发了大部分的老黑洞几乎没有能量，能量已经被霍金辐射带走。它还能包含这么多信息吗？这就是争论的焦点所在。

我的一些同行确信，大量信息不可能被塞进一个很小的表面之内。也就是说，他们确信，一旦大部分能量被带走，视界变得很小，那么黑洞里面就只能留下少量信息了。

另一些科学家（我是其中的一员）则持相反的观点：哪怕是一个已经蒸发了很多的黑洞，其中仍然可能存在很多信息。双方都认为对方已经误入歧途。

这种争论在科学史上相当常见。可以说，这就是科学的盐。争论可以持续很长时间，科学家们分成不同的群体，互相辩论、争执不下。渐渐地，一切变得清晰。最后，有人对了，也有人错了。

19 世纪末，物理学家分成了两派。一派追随玻尔兹曼，相信原子真实存在；另一派追随马赫，认为原子只是一种数学上的虚构。争论异常激烈。恩斯特·马赫是个了不起的科学家，但这一次对的是玻尔兹曼。如今，我们借助显微镜看到了原子。

我认为，那些坚信小视界只能包含少量信息的同行搞错了，尽管他们的论点乍一看很有说服力。让我们来看看他们的论点。

第一个论点：我们可以根据物体的能量和温度（之间的关系）计算出物体有多少基本成分（例如有多少分子）。[25] 对一个黑洞来说，我们只要知道它的能量（也就是它的质量）和温度（霍金已经算出来了），就可以进行计算了。结果显示，视界越小，这些基本成分的数量就越少。就好像盒子里只有很少的几个弹珠那样。

第二个论点：我们有明确的计算方法，可以直接算出这些基本成分，用到的理论是两种被广泛研究的量子引力理论——弦理论和圈量子引力论。科学家们利用这两种宿敌般的理论，在1996年分别完成了计算，时间只相差几个月。[26]这两种理论的计算结果都表明，在视界很小的时候，基本成分的数量也很少。[27]

这两个论点看起来都非常有力。不少物理学家因此接受了一种“教条”（他们自己也这么说）：一个较小表面包含的基本成分的数量必然很少。一个小视界只能容纳很少的信息。

如果“教条”的证据如此充分，那么它错在哪里呢？

错误在于，这些科学家都只计算了只要黑洞仍然是黑洞，就能从外部探测到的黑洞的成分。这些都是在视界上的黑洞的成分。

换句话说，他们都忽略了黑洞那巨大的内部体积。这两个论点都是从远离黑洞、看不到黑洞内部并假设黑洞永远是黑洞的角度提出的。假如黑洞永远如此——还记得吗？——那么远离黑洞的人就只会看到黑洞的外部，或者看到正好处于视界上的东西，就好像黑洞内部对观察者来说并不存在一样。

但黑洞内部是存在的！黑洞内部不仅对那些敢于（像我们一样）进入黑洞的人来说存在，对那些有耐心等待黑洞视界变成白洞视界、等待被困在里边的东西出来的人来说，也存在。

换句话说，把弦理论或者圈量子引力论对黑洞的描述当作完整描述，就等于没有消化芬克尔斯坦1958年发表的那篇文章。用外部坐标对黑洞进行的描述是不完整的！

圈量子引力的计算方法很有启发性：通过计算视界上“空间量子”的数量，我们可以精确计算出基本成分的数量。但仔细观察之后，我们会发现，弦理论也做了类似的计算。弦理论假定黑洞是静止的，永不发生变化，而且它基于从远处观察到的东西。因此，由于假设，它忽略了黑洞内部的东西，也忽略了那些只有在黑洞蒸发完毕，即黑洞不再静止之时，才能从远处观察到的黑洞内部的情形。请大家记住，黑洞内部根本不是静止的，它会变化，长长的管道在变长变窄。

总之，我认为我的有些同行之所以会犯错，是因为缺少耐心（他们认为一切都必须在蒸发结束前得到解决，蒸发结束时量子引力将变得不可避免），以及忽略在从外部能看到的东西之外，还有别的东西。这是我们在日常生活中常犯的两个错误。

教条主义的门徒遇到了一个难题，他们称之为“黑洞信息悖论”。他们相信蒸发后的黑洞内部已经没有信息了。信息会坠入黑洞，因为所有东西都会坠入黑洞。所有落入视界的东西都会携带信息。信息不会凭空消失，那么它去了哪里？

为了解决这个悖论，教条主义的门徒想象信息以某种神秘的方式流出，或许藏在霍金辐射的褶皱里，就像尤利西斯和他的同伴们躲在羊群下边，离开波吕斐摩斯的洞穴那样。或者，他们猜测，黑洞内部有假想的看不见的通道，与外部相连……总之，他们要抓住救命稻草。就像所有陷入困境的教条主义者一样，他们四处寻找巧妙的想法来拯救教条。

但是，进入视界的信息并不是靠着什么神秘魔法，才从视界中逃脱的。它是在视界如甘道夫一般从黑变白之后，从里边出来的。

霍金晚年曾说过，“不要害怕生命中的黑洞，你迟早会走出来”。穿过一个白洞，就出来了。

但是，当分歧存在的时候，也就会有怀疑。假如其他人是对的呢？我们又该怎么办？我们应该去阅读，努力理解别人的逻辑，质疑自己。到了最后，如果我们仍然觉得他们错了，我们就必须鼓起勇气倾听温柔的老师发出的声音：“让人们说去吧，你要像坚塔一样屹立着，任凭风怎样吹，塔顶都永不动摇。”说到底，科学研究就是这样。你的目标不是去说服周围的人，而是去理解。清晰的答案自会显现，它遵循自己的轨迹和自己的时间。你需要有无限的谦卑以免过分自信，但也需要有无限的自大，才有力量走上荒凉的平原。所有开辟道路的人都是这样做的。

写作的时候，我脑中有两个读者。一个读者对物理学一无所知，我试图向他传达研究的魅力；另一个

读者对物理学了如指掌，我试图向他提供新的视角。面对这两个读者的时候，我都会尽量精简，前者只对最基本的要素感兴趣，细节只是无用的负担；后者已经知晓细节，并不愿意听我重复。

但是这样一来，我就会让介于两者之间的那些读者不快，有时甚至会激怒他们。这些读者对此类东西略知一二，却没能完全沉浸其中，比如物理系的学生。关于我的书最差的评价往往来自他们。我可以理解他们。他们看到千辛万苦学来的细节被略过，就会很不高兴，而当他们发现我的表述和神圣课本中所写的内容不同时，他们就会更不高兴。我向这些读者道歉……

但我有时会惹恼业内的年轻人还有另一个原因：我不使用行话。我不用业内的说法来称呼事物。想象一下，一个水手要是听到有人喊“把大帆上系着的绳子松开一点！”，而不是“松开主帆操控索！”，他定会深感震惊。然而，面对非业内人士，前者比后者更容易理解。

读到最后几页时，刚刚学过这些内容的男孩

和女孩们一定会把手插进头发里："可恶的罗韦利，他为什么不用正确的术语？"我来试着解决这个问题。在此处，我加了一条长长的注释，用术语重新介绍了前文中的内容。我在注释中所讲的仍然是前几页的内容，只不过换了更技术性的词来表达。我的非专业读者无法从中获益，但专业读者会觉得更自在，同时，他们会发现我的论述更加准确了。[28]

3

让我们抛开围绕“信息悖论”（这其实不是一个悖论）产生的争论，回到原本的话题上。霍金辐射是不可逆的，就像热炉子注定会变冷一样。因此，黑洞的生命不是可逆的。反弹不可能是完全的。

让我们回想一下从地上反弹的球。我提到，球向上弹起的过程和下落的过程一样，只不过在时间上是反向的。但事实并不完全如此。空气摩擦会减缓球下落的速度，也会减缓球上升的速度，地面的反弹从来都不是完全的，它会留下痕迹。这些都是不可逆的现象。它们会导致球将能量耗散为热量。反弹后的上升过程与下落的过程并不完全相同，球不会回到开始下落时的高度。

换句话说，球的反弹只在一级近似中可逆。仔细观察之后，我们会发现还有一些不可逆现象牵涉其中，导致整个过程在时间上并不真正对称。过去和未来是不同的。

对普朗克恒星来说也是如此。黑洞通过散发霍金辐射失去能量，变小，而当恒星反弹为白洞时，它并不会变得和一开始的黑洞一样大，它仍然很小。形成的白洞比它的母体黑洞要小。

霍金辐射可以缩小视界，直到它变得极小。此时，视界周围的时空弯曲非常严重。因此它处于完全量子态，从黑洞跃迁到白洞的概率变得非常大。于是，跃迁发生了。[29] 白洞没有能量继续增长，它仍然非常小。它会在很长时间内散发出极其微弱的辐射，[30] 直到完全消失。

因此，在普朗克恒星的整个生命历程中，能量和信息所遵循的路径截然不同。恒星的初始能量几乎全都在霍金辐射中消失殆尽。恒星损失能量的这种方式很奇特，是以真正的量子方式进行的，霍金辐射有一种负能量成分（没错，在量子世界里，能量也可以是负的！）进入黑洞中。它啃噬黑洞的质量，最后到达恒星，湮灭了恒星的初始（正）能量。到达白洞的残余能量非常少。这就是大部分能量的流向。

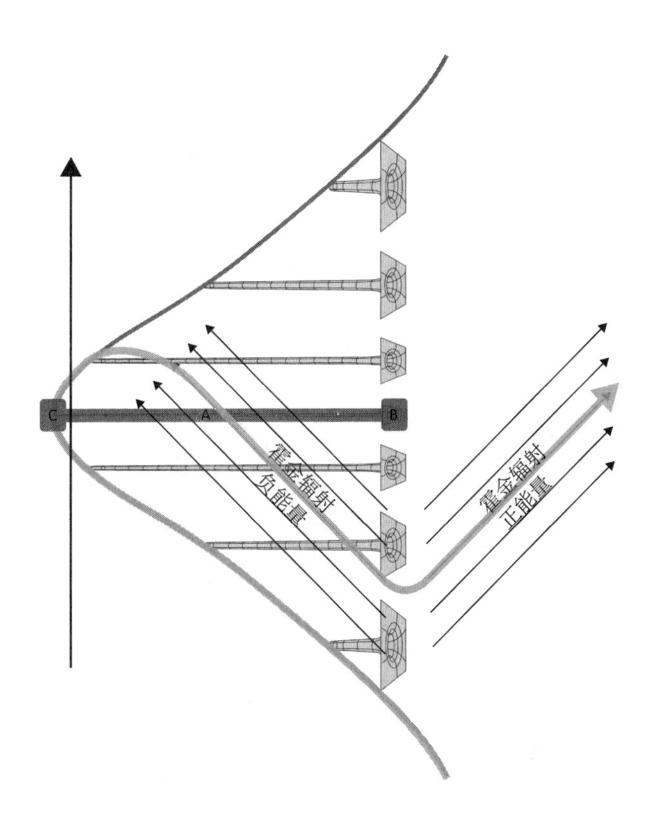

在量子跃迁之前，进入视界的信息一直被困在其中。量子跃迁释放了它，让它回到光明的世界。

以极少的能量从极小的视界中释放出大量信息，

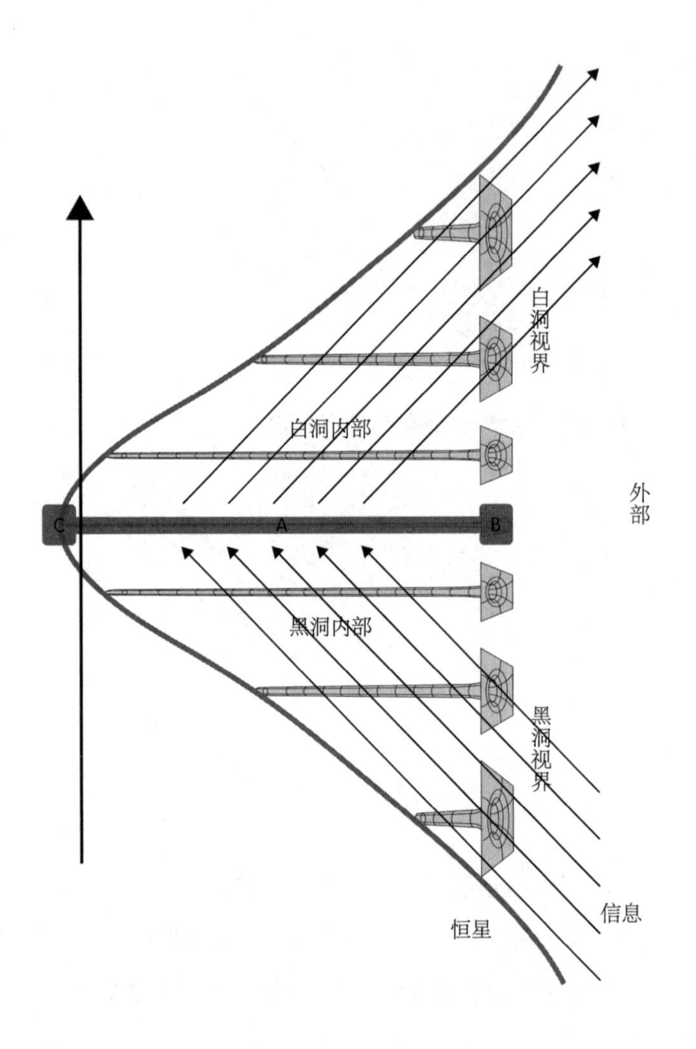
白洞
白洞视界
白洞内部
外部
C
A
B
黑洞内部
黑洞视界
信息
恒星

需要花费很长的时间（你可以想象许多非常小的球要从一个小洞里出来）。

在所有信息和残余的内部能量都离开后，普朗克恒星的反弹也就结束了，它漫长而幸福的生命周期走到了终点。

4

我们正在接近故事的终点。但是，时间的可逆性和不可逆性微妙地交织在一起，使我们能够揭开黑洞的命运，同时也留下了一些非常普遍的问题——关于时间流逝的意义。在结束这个简短的故事之前，我不想忽略这些问题。

由于时间反演带来的对称，反弹得以发生，但时间仍保留了它的方向。反弹的确切时刻在时间上是对称的，但整个过程却并不对称。黑洞和白洞中可怕的时间弯曲颠覆了我们对时间的直觉，但并不影响时间的方向：过去与未来仍然是不同的。为什么会这样？

关于时间的方向，物理学告诉了我们一些非常奇怪的事。[31] 敏锐的读者可能已经注意到了这一点，并且提出了疑问。我在前面写过，基本方程并不区分过去和未来，时间的方向并不来自那些方程。但后来我又谈到了时间有方向的现象。如果时间的方向没有被写入世界的基本语法，那么它又从何而来呢？

它源于这样一个事实，即我们活在基本方程的众多可能解的一个解之中，而在这个解中，过去是特殊的，至少从我们的视角看来是如此。也就是说，过去与未来之间的差别，有点像住在山中的人所面对的两个地理方向之间的差别：一个方向朝上升，另一个方向朝下降。并不是两个方向在本质上有什么不同，只是因为在那里事情碰巧就是这么安排的。在勃朗峰靠意大利的这一侧，"向上"指的是向北，而在勃朗峰靠法国的那一侧，"向上"指的是向南。不可抗拒的时间之流就是对事物的偶然排布方式的反映。

对普朗克恒星来说也是如此。过去与未来之间的差异并非来自时间内在的不对称性。它来自过去的特殊性。想想看吧，在未来，霍金辐射让天空充满能量，使之四散。而在过去，这些能量都集中在坍缩的恒星中。因此，过去是特殊的，因为那时能量是集中的，而不像在未来那样自然地扩散开来。过去的方向是特殊的，就像在一个多山的地方，特殊的方向就是山顶所在的地方。

消化过去与未来之间的这种深刻的等价关系并不是一件容易的事。它违背了我们最根深蒂固的直觉。过去与未来之间的全部差异，仅仅是过去的事物排布方式所带来的结果，这真的可能吗？直觉告诉我们的事恰恰相反，它告诉我们过去与未来截然不同，过去是确定的，而未来是不确定的。直觉告诉我们，现实的本质正是在定向的时间中流动。难道我们的直觉错得如此彻底？如果它错了，那么它为什么会错？

在我狂热研究白洞及其时空弯曲的那段时间里，每当我在视界的可逆性与不可逆性之间举棋不定时，我常常自问这个问题。

两个我们熟知的显而易见的事实从根本上区分了过去和未来。这两个事实看起来如此基本、如此平淡无奇，让我们简直没法去思考这个观点，即时间本身并没有自己的方向。过去与未来之间有两处极其鲜明的不对称，似乎是无法克服的。

第一，我们了解过去（而不是未来），因此过去对我们来说是稳固的、确定的。第二，我们可以决定未来（而不是过去），未来对我们来说是开放的、不确定的。过去与未来之间的这种根本性差异，只是事物排布中的偶然，这可能吗？

这太惊人了，但我们可以厘清这一点。

5

想象两个装满水的水箱，它们通过一条短短的通道相连，通道有一个可关闭或打开的防水隔板。

如果隔板处于打开的状态，水箱里的水就会处于同一高度。这是一种平衡态。一切都很稳定，没有什么东西能区分过去和未来，把水的影片倒放时，它和正着放的影片没有区别。

我们合上隔板，往其中一个水箱里加水。一个水箱的水位更高。每个水箱本身都处于平衡态，但两个水箱彼此并不平衡。关闭的隔板维持着一种不平衡，此时水被隔板拦住，无法流动。在这种情况下，一切仍是稳定的，没有什么能将过去和未来区分开，水的影片正放或者倒放都没有区别。

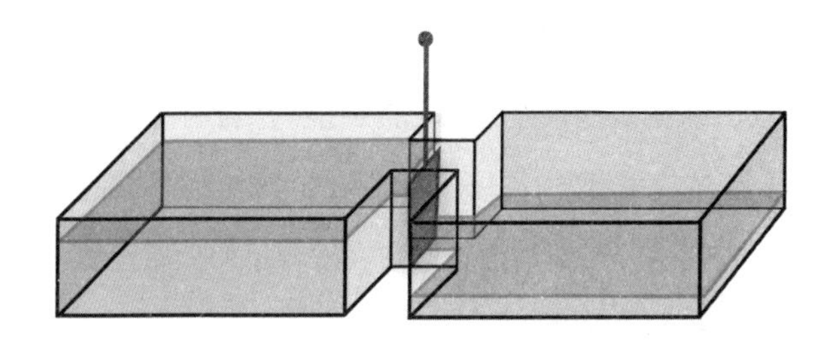

现在考虑一下隔板短暂打开的情况。一些水进入通道，流向较浅的水箱，产生了一些波浪，扩散到这个水箱中。

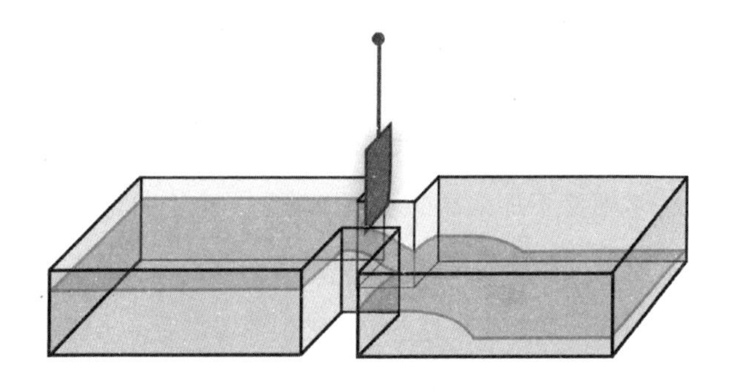

波浪在水箱壁上反弹并散开，过了一会儿又平息下来。两个容器中的水面高度已变得平衡。

这些都是我们的日常经验的一部分。隔板打开所释放出的波浪能量被称为“自由能”。自由能会消耗掉，等波浪平息时，它就不复存在了，也就是“耗散”了。它在水分子中消散，即它在水分子的无序运动中扩散，我们将其感知为热量。自由能耗散为热量。

这个过程的中间阶段，也就是隔板打开之后，恢复平静之前的阶段很有趣。在且仅在这个中间阶段发生的事情在时间上是有方向的。如果我们将其拍摄下来，并且倒放，我们就会看到一些荒谬的景象：水开始自行翻腾，形成一股大浪，注入水道，它的背后一片平静，而在隔板合上之前的瞬间，水聚拢到隔板之外。这一切在现实中不会发生。

水朝着不那么满的水箱流动是一个不可逆的现象，就如同打碎的鸡蛋不会重新合拢那样。在隔板打开之前，一切都是可逆的，在波浪消退之后，一切也都是可逆的。只有中间阶段的状态不可逆。

有三个因素造成了这种不可逆：(1)初始的不平衡——两个水箱的水面高度不同；(2)长期维持这种不平衡的东西——隔板；(3)重新达到平衡需要时间

这一事实。

这三个条件在我们所处的宇宙中随处可见:(1)初始的不平衡;(2)偶尔相互作用的孤立系统;(3)达到平衡需要的长时间。

(1)过去,宇宙收缩得很厉害,这是一种不平衡态。从那时起,宇宙不断膨胀,到现在依然如此,它仍未达成平衡态。

(2)宇宙中充满由“隔板”维持的不平衡。例如,氢和氦就像水箱一样处于不平衡态。阻碍它们达成平衡的“隔板”是如下事实——氢转化为氦的过程不会在低温下发生。然而,时不时会有一大团氢云在重力的作用下被压缩,挤压让它变热,温度升高,这就为氢转化为氦提供了可能。使氢和氦相互接触的“隔板”打开了,恒星诞生了。恒星就是打通的通道,就像让水在两个水箱之间流动的通道一样。氢转化为氦,一切朝着平衡的方向发展。这个过程是不可逆的,就像水流向不那么满的容器一样。

(3)水箱中的水在几分钟后就达到了平衡,然而像太阳这样的恒星需要数十亿年来燃烧。它产生的不可逆的波浪，就像从较满的水箱里涌出的波浪一样，每天都在冲击地球，并催生了无数不可逆的进程，由此构建了生物圈。我们这些生物就像隔板打开时释放出的水波形成的漩涡。我们是不可逆的自由能气泡，被困在氢和氦之间的不平衡态中，再被太阳释放出来。

我们来到了关键点。请仔细看上一张图，你可以看到水正在从通道中流出。在没有其他信息的情况下，你也能推断出隔板不久前被打开过。波浪证明了之前发生的事——隔板打开过。现在的事告诉了我们过去的事。

痕迹、记忆和录音都属于此类现象——不可逆转的现象。要让这些现象发生，只需具备我列出的三个条件：（1）处于不平衡态的系统；（2）这些系统偶尔发生相互作用；（3）保存痕迹、记忆和录音的系统必须能在不平衡态下维持一段时间。

发生在过去的初始不平衡，是现在带有过去的痕迹的原因。每一处痕迹的形成都只是朝向平衡的中间步骤。[32] 因此，如果现在带有过去的痕迹，那仅仅是过去的不平衡导致的。

我们记得过去而不记得未来，唯一的原因就是初始的不平衡。我们之所以知晓过去，是因为现在存留着过去的痕迹，例如在我们的记忆中。这些痕迹之所以存在，是因为过去出现过不平衡的状态。过去可知且确定，并不是由于时间具有内在的方向，而是由于在某个时间点，事物是这样排布的，而我们称之为过去。是过去的不平衡导致了痕迹的存在，仅此而已。[33] 我们说过去是确定的，就等于在说我们留有很多过去的痕迹。

陨石坠落到月球上会带来自由能。陨石坑是陨石留下的痕迹，它一直留在那里，直到万事万物永不停歇的消解将它抹去。在这个中间阶段，陨石坑是撞击的痕迹，是撞击的记忆。痕迹存留在这个中间阶段。陨石坑就像水箱里的波浪，只是换到了更长的时间尺度上。照片和我们大脑中的记忆也是如此。它们之所以存在，是因为来自另一个系统的自由能，抵达了一个系统（比如胶片或者我们的大脑），而这两个系统之间处于不平衡态，而达到平衡态需要时间。

我们之所以能记住过去，而非未来，完全是因为宇宙在过去的某个时刻比现在更偏离平衡态。

如果一个系统达到了完全的平衡态，它就不会再有任何痕迹，也不会再有记忆，更不会有任何东西能够区分过去和未来。或迟或早，所有记忆都会消逝，被日复一日的磨损抹去。或迟或早，我们引以为傲的文明、我们所理解的事物、这本书上的文字和其他文字、我们的争论、绝望的热情和爱，都会无影无踪。

6

还有一种看似无法避免的不可逆现象与我们的关系更为密切，那就是我们可以选择未来，却无法选择过去。当我们做出决定时，我们会权衡利弊，会仔细查找信息，会搜寻记忆、评估目标、考虑价值观，会斟酌我们的动机、欲望和深层的道德信念，等等。最后我们才会做出决定：“是的，经过综合考虑，我要去食品储藏间里拿一根巧克力棒。”

决定是一个复杂的过程。一台下棋的电脑在落子之前会“考虑一下”，这也是在做决定，尽管没有我们人类做决定时那么复杂。采取行动之前，我们的神经元之间会发生一个复杂的过程，“决定”就是我们对这个过程的称呼。这并不奇怪，世界上充满了复杂的过程。但决策的另一个方面对我们也很重要，那就是我们可以“自由”地做出决定。也许我们经历了一个痛苦的评估过程，也许我们不假思索地做出了决定，但我们总归是以一种无法预测的方式自发地做出了决定。由于我们的自由决定，世界可能朝着两个不同的未来演变。总之，我们可以不吃那根巧克力棒（我们也可能已经吃完了）。我们可以“自由”地做决定，但我们只能决定未来，不能决定过去。

时间的这种不对称性从何而来？

答案还是原来那个：这是我们所处的世界不平衡所导致的结果。一个决定也是走向平衡不可逆转的一步。[34] 选择的自由是对所发生之事的宏观描述，而不是微观描述。宏观的故事才会有分岔。这种分岔之所以可能存在，是因为不同的宏观未来与同一个宏观过去相容，因为这个宏观过去对应着不同的微观过去。

我们所追求的自由决定是真实存在的，它确实很可贵，但正如斯宾诺莎在17世纪已经阐明的那样，这只是我们称呼以下事实的方式。这一事实便是，我们无法完全重构在决定过程中发生的事，也无法预测我们会做出什么决定。斯宾诺莎写道：“人们因为意识到自己有意志和欲望，便自以为是自由的，但同时对于那些引起意志与欲望的原因，却又茫然不知。”[35]

此外，他还写过这样的句子："人……自以为他们是自由的，而唯一使他们作如是想的原因……其实是由于他们不知道他们自己行为的原因。"[36]

奇怪的是，有些人对这一事实感到非常不安。我认为他们犯了一个错误——老渔夫的错误。[37]

很久很久以前，有个老渔夫非常喜欢日落。地平线染上了火一般的色调，太阳威严地落下，缓缓沉入大海，天空呈现出温柔的东方蓝宝石的颜色，星星也一颗一颗亮起来。

有一天，从城里来了一个人，他对老渔夫说："你知道吗？太阳并没有沉入大海。太阳就静静地待在那里，一直发着光。你看见的只不过是我们脚下这个星球的自转引发的视觉现象。"

老渔夫大为震惊。他相信这个城里来的人，开始感到焦躁不安。

他告诉自己，日落只是一种幻觉，因此它并不真实。这么多年来，他竟然一直在观察一个不真实的事件。他觉得自己被骗了一辈子。

老渔夫想，如果日落是一种幻觉，那他就不能依赖它，他必须学会以没有日落为前提思考。老渔夫试着这么做，结果简直是一场灾难。他不知道什么时候该去睡觉，傍晚时，他不再期待夜晚的到来。到了日落时分，他就反复说:“这是幻觉，不是真的，世上根本没有日落，太阳不会沉入大海。太阳永远在照耀，我必须认真对待这个现实，绝不能睡觉。”他再也没法睡觉了，最后，他疯了。

善良的老人显然犯了错，但这是个微妙的错误。日落究竟是真实的还是虚幻的，这个问题困扰着他。他信任城里人的知识，否定了日落的真实性，认为太阳不会沉入大海。但否认日落这个事实似乎又很荒谬，还引发了戏剧性的疯狂推论。问题出在哪里?

问题出在“日落”的含义。老人从小建立了日落的概念，认为日落就是太阳沉入大海。当他得知太阳并没有沉入大海时，他就得出了“没有日落”的结论。

但每一个知道哥白尼的人都能平静地谈论日落，

哪怕我们明知太阳不会移动。我们还是能够享受日落、依赖日落，甚至都不会想到“没有日落”这种说法。

我们调整了“日落”的概念。对我们来说，日落是真实的，仍是过去的样子。但它不再等于太阳会沉入海水之中。如果我们真正思考一下，就会知道日落是自转的地球将我们带离它被照亮的部分时发生的事。这仍然是日落。

如果我们发现，过去和未来只是一种视角性的现象，我们应该有多不安呢？而当我们发现，我们的自由是一种宏观现象，在微观层面没有对应时又如何呢？其实就像老渔夫发现日落并不是太阳沉入了大海一样，我们的生活不会有任何改变。

事实上，确定黑洞方向的那套精妙逻辑也是确定我们记忆和选择的逻辑，这个发现会让我们明白自己也是同一股世界之流的一部分，永恒的时间之流。

宏观世界中的全部信息都源自过去不平衡的耗

散。[38] 每段记忆中存储的信息都来自隐含在过去的不平衡中的信息。每一次自由选择所产生的信息都是用不平衡的减少换来的，因此仍然来自过去的不平衡。

在我看来，最后的结论是非凡的：无论是我们的神经元、书、计算机、细胞内的 DNA、机构的历史记忆、互联网上的全部数据内容，还是温柔的向导（“她微笑着，眼睛闪耀着神圣的光芒”），抑或是构成生命、文明和思想的全部信息的最终源头，都只是宇宙在过去的不平衡。[39]

整个生物圈及其全部文化，就如同两个水箱之间的波浪漩涡，从不平衡态中不可逆转地跌落，被缓慢的平衡现象拖延了数十亿年。

只因如此，果才会出现在因之后，而不是出现在因之前。因是一种干预，会留下痕迹，留下记忆，也就是留下它的果。因与果之间的关系是世界朝向平衡中的一步。因果的物理原理与痕迹和记忆的物理原理是相同的。全都关于平衡。[40]

时间的方向就是事物的平衡，是走向平衡的过程。这是一种偶然现象，由事物在时间中的特殊状态引发，我们称之为过去。

这是一种视角性现象，因为它涉及对世界的宏观描述，并且取决于用来描述世界的宏观变量。但是，视角性现象也可以很雄伟。每天围绕我们旋转的太阳、月亮和星星就是一种视角性现象——星星和太阳本身并不旋转，但天空的旋转带来的壮观景象并不会减色半分。

宇宙的时间之流如此雄伟。

在一个处于平衡态的宇宙里，就像在波浪平息的水箱里一样，任何现象都不能让我们区分过去和未来。我们将不能分辨时间朝哪个方向流逝。

然而对我们来说，这样的状态还有一个更严重的后果：我们的思想将不复存在。我们无法观察，也无法推理，因为思考需要耗散能量。我们将无法拥有感官，因为感官能够记录，我们也就有了记忆。这一切无法在平衡态下运作。我们将无法聆听音乐，因为音乐存在于我们的大脑中，需要我们记得前边的音符。

我们将不会作为有思想、有知觉能力的生物存在。

正因为思考需要在不平衡态下才能进行，我们才会如此自然地觉得时间有方向，才会如此难以接受时间的方向性并非其基本属性。我们思考中的时间是有方向的，因为我们的思考本身是不可逆的，因为我们就是不可逆的现象。

按照康德学说的自然化版本，我们可以说，时间箭头的存在（也就是我在前面提到的不平衡、系统之间的隔离和很长的弛豫时间这三个条件）是产生意识的先验必要条件，因为知识是出现在我们这样的自然生物中的一种自然现象，我们的感知能力和思想是一种宏观现象，这种宏观现象恰恰依赖于时间箭头。

我们为何难以思考时间没有方向这个问题，至此终于有了答案：因为我们的思维是时间的方向性的产物，也是初始不平衡态的产物之一。

我们总是错误地认为自己与周围的世界不同，以为自己是从外部观察世界的。我们忘记了自己和其他事物一样，忘记了我们是通过和它们一样来观察事物的。

因此，每一次对事物的探究最终都会与我们自身密切相关。

试图理解白洞的时候，我们也做不到纯粹的理性。我们不是我们想要理解的对象所处的世界之外的一部分。我们是被相同的恒星所引导的过程。

我们会关注黑洞中的坠落结束之后会发生什么，也许就是出于这个原因……我想，追问个中缘由，才是我写作的真正原因。或者说，是我写下这一页页书稿，并反复重写，不断地重组文字的原因……文字的顺序和它们刚刚诞生时的混乱状态已经截然不同（我在进行第五次修订了）。时间的顺序总有一些被重构。现实的流动非常顺畅，远比我们焦灼地捕捉它的尝试更顺畅……时间并非现实的地图，而是一种存储记忆的方式……

研究某个事物就是进入与它的关系。通过建立关联，我们可以描述、简化这一事物，预测这一过程将如何演变。

理解就是去认同我们想要理解的事物，在我们的突触结构和感兴趣的对象的结构之间建立对应关系。知识是大自然的两个部分之间的关联，理解则是我们的头脑与现象之间更抽象也更亲密的共性。

我们的个人记忆和集体记忆构成的无穷财富，与现实结构的惊人丰富性互相关联，紧密交织。这种交织本身就是事物在时间之中达成平衡的一个间接产物。

我们这些有思想、有感情的生命，就是在我们与世界之间的宏观层面上形成的交织。我们不仅仅是活在与他人的关系中的社会生物，不仅仅是（和生物圈的其他成员一起）燃烧太阳自由能的生化有机体，我们还是拥有神经元的动物。正是因为有了这些关联，我们的神经元才得以与现实交织。

我们像猫一样，对一切事物都充满了好奇心，甚至对白洞也不例外。我们的天性就是想去看看。不过，称之为“好奇心”也许有点简化了。我们的天性就是要走近事物，因为事物就是我们自身，就是我们的姐妹。

新发现激起的心潮澎湃，在讨论和思考中度过的时光，与哈尔在一起的那一天，那种轻盈的快乐……这一切不仅仅是好奇心，那是一种奇怪的、不确定的、想要接近事物的欲望。我们在那片荒凉的平原上向前走去……

说到底，在我看来，语言的真正意义并不在于交流，而在于让事物和我们在一起，让我们和事物保持关联。

当我们与朋友、与所爱之人交谈的时候，我们并不是为了告诉他们什么，恰恰相反，我们是以想告诉他们什么为由，来与他们交谈。

当但丁在《神曲》的《天国篇》中就教义问题向贝雅特丽齐发问时，真的是那些问题促使他这样做的吗？还是因为那一刻，贝雅特丽齐用那样充满神圣之爱的火花的眼光看着我，使我的视力败阵而逃，我两眼低垂，几乎失去了知觉？

对世界来说也是如此。研究空间、时间、黑洞和白洞，是我们与现实发生关联的方式之一。现实不是“它”，它就是“你”，这就像抒情诗人对着月亮说话一样。在《奇幻森林》[*]里，所有动物都发出了相互认可的呼声："我们流着同样的血，你和我。"

我认为我们应该始终把宇宙称呼为"你"，这样我们才能理解它，才能理解我们自己。"你"这个称呼承认了我们与事物的同一性：我们流着同样的血，你和我。每当我们的灵魂中出现潮湿的细雨蒙蒙的十一月，我们就可以静静地登上那艘带着我们驶向世界的船。

很多年以前，我独自一人去印度旅行，在一辆破败的公交车上被挤得东倒西歪。旅途长达几个小时，人和动物全挤在一起，酷暑之下，汽车在一望无际的乡间蹒跚前行。一个身着白袍的印度小男孩与我挤在一起，也是东倒西歪的，他看起来很害羞。过了很久，他小心翼翼地开口，问能不能向我提一个问题。这个问题没有任何铺垫，他问的是"我接近上帝的路是什么"。显然，我不知道该怎么回答。也许到了今天，时隔这么多年，我终于能说点什么了。

---

* 英国作家鲁德亚德·吉卜林的小说代表作，曾多次被改编为电影。

苏人部落的一位长者曾说，生命的意义在于用歌声向我们遇到的一切致意。

这就是我献给白洞的歌。

7

我们已获知了全貌。航行在宇宙空间中的大片氢云在自身引力的作用下开始变厚。它在收缩的过程中逐渐升温，最终开始燃烧，成为一颗恒星。氢燃烧了数十亿年，直到消耗殆尽，完全变为氦和其他灰烬。引力变得不可抗拒，恒星沉入了黑洞。或许黑洞是在地狱般的原始宇宙中形成的，那时万物的波动十分剧烈，热量也很汹涌。

无论物质是如何形成的，它都会坍缩，并且迅速来到中心。在这里，空间和时间的量子结构阻止了进一步的挤压。它变成了一颗普朗克恒星，发生了反弹，并且开始爆炸。

在它的周围，在黑洞内部，空间也发生了量子跃迁，其几何形状重新排列，就像甘道夫一样，由黑变白了。

这个变化过程与导致宇宙大爆炸的过程性质相

同，也许来自上一个宇宙的坍缩——空间和时间消融并重塑。这是一个超脱于空间和时间之外的过程，但是可以用量子引力方程来描述。

在白洞里，所有坠落的东西都会向上飞。最后，任何之前进入的东西都会从白洞中完好无损地出来，重新看见太阳和其他星星。

如果我们从外部观察，整个过程会持续极长时间，甚至需要数十亿年或者更久。黑洞要很长时间才能蒸发，[41] 白洞则需要更长时间来耗散，[42] 才能释放所有信息和残存的能量，最终，这个非凡的过程走向终结，白洞过完了它漫长又幸福的一生。

这个过程确实会很漫长，但它终归是有限的，就像我们每个人、每个生物体、每颗恒星、每个星系、每个故事的生命一样有限。在这个充满快乐和痛苦的宇宙中，就连白洞也不会永恒。

但“很漫长”是针对外边的人而言的，也就是看到恒星坍缩，等待黑洞蒸发，变成白洞，等待里边的东西慢慢出来，直到视界消散的那些人。这是外部的时间。任何进入视界内部的人（连同通过坍缩形成黑洞的物质），或者在其后任何时间进入视界的物质，都会在不到一秒内到达量子区域——如果恒星真的很大，最多也就花几个小时——随后一瞬间穿过量子区域，并在同样短的时间内离开白洞视界，发现自己（相对进入时而言）身处遥远未来。

内部只过去了片刻，外部却过去了亿万年。如此迥异的时间视角在我们的宇宙中同时存在。我们对宇宙漫长生命周期的惯常直觉被颠覆了。引力对时间的弯曲超出了我们的想象。黑洞和白洞的整个生命过程就像一条通往遥远未来的捷径，几乎一瞬间就能走完。

这就是普朗克恒星的反弹，一条通往未来的捷径。当时间的长河在外部缓缓流淌时，借此可以安全地躲藏片刻。

然而，就连这也只不过是聚集的自由能的耗散，是普遍性熵增中的一个小小插曲。一方面，白洞扭曲了我们的时间感；另一方面，白洞再次向我们展示了那条浩瀚之河就是通往平衡的耗散。正如里尔克的永恒的激流把所有的年代卷入其中，通过两个王国，永远地，而他们的声音就在它那如雷的吼声中溺毙。

对外部的人来说，长期存在的白洞是个非常稳定的小天体，微弱地辐射着它残余的些许能量。它的内部仍有一个广阔的世界。从外部看，它仿佛一个不起眼的小质量体，具备完全正常的引力。

多大的质量体？不能小于普朗克质量，因为具有普朗克质量的视界只有普朗克面积那么大，而空间的颗粒性让更小的东西无法存在。但也不会大出太多，因为大型白洞是不稳定的，它会再次变成黑洞。[43] 普朗克质量就是一根头发丝的质量。

天空中的白洞就像一根悬浮的发丝。

与头发不同，白洞不带电荷，因此不会与光相互作用——人们看不到它。它只会自带非常微弱的引力。

如果在原始宇宙或者宇宙大爆炸之前的某个阶段有大量黑洞生成，而这些黑洞现在已经蒸发了，那么此时此刻，它们有可能正数以百万计地飘浮在空中，这些不可见的颗粒的重量甚至不到一克。

白洞真实存在吗?

谁知道呢?我和哈尔都很喜欢这个想法。就如同最初的匆匆一瞥那样，每个真正的爱情故事都只会开始，而永远不会结束。在我写下和重写这些文字的过程中，我一再讲述的故事并没有结束，它正在展开。我们朝谜团望去，想要穿透黑暗，发现一些迹象。

1933 年 5 月 15 日晚上，数百万美国人听到了银河系中心的黑洞发出的嗞嗞声，但那个时候没人知道它究竟是什么。就像几十年前的黑洞一样，天空中这些微小的白洞也许早就被发现了，只是我们还不认识它们。天文学家早就观测到，宇宙中充满了神秘的不可见的尘埃，它只是因为其引力才被发现，这种尘埃被称作“暗物质”。

一部分暗物质也许就由数十亿个精巧的微小白洞组成，这些白洞将黑洞的时间反演，但不会太过分，它们像蜻蜓般轻盈地悬停在宇宙中……

加拿大安大略省伦敦市

法国马赛

意大利维罗纳

2020—2022 年

诚挚感谢罗懿宸（Luo Yichen）对译文的帮助，感谢他温暖的友谊。

注释

1. D. Finkelstein, *Past-Future Asymmetry of the Gravitational Field of a Point Particle*, « Physical Review », 110, 1958, pp. 965-67.

2. 如果你觉得这段密集的理论物理学历史难以理解，没有关系……它与下文没有关联。假如你对这段故事感兴趣，我在《现实不似你所见》一书中有详细的描述。

3. 我使用一种对时空分层的叶状结构来描述史瓦西几何形状的内部，该结构最大化了等时面的体积。详情参见：M. Christodoulou, C. Rovelli, *How Big Is a Black Hole?*, « Physical Review D », 91, 2015, 064046.

4. 图中缺少一个维度，圆形代表球面。

5. Línjì Yìxuán, Línjí lù, Taisho Shinshu Daizokyo, 1958; ediz. it. *La Raccolta di Linchi*, Roma, Ubaldini, 1985, p. 45.

6. 在我们所使用的叶状结构中，我在前面的注释中提到过。

7. 普朗克长度非常小：10^{-33} 厘米，但圆筒的半径并不必小到那种程度，就可以进入量子区域。黑洞之中的曲率大致是其质量除以半径的立方（$R \approx m/r^3$），因此如果质量足够大，圆筒的半径也可以很大。

8. 量子物理学中有一个关键常数，即普朗克常数，它决定了这一尺度。

9. 恒星坍缩为黑洞后会反弹的观点，以下文章中有讨论：C. Rovelli, F. Vidotto, *Planck Stars*, «International Journal of Modern Physics D », 23, 2014, 1442026. 这篇文章的合著者弗兰切斯卡在本书的成文过程中发挥了关键作用。我稍后再谈"普朗克恒星"这个概念。

10. 如果你对这一点感到困惑，请期待本书的第三部分。我会在那里专门探讨这个主题。

11. 我写过一本名为《量子物理如何改变世界》(*Helgoland*)的书，试图回答这个问题。

12. C. Rovelli, L. Smolin, *Spin Networks and Quantum Gravity*, « Physical Review D », 52, 1995, pp. 5743-759 e *Discreteness of Area and Volume in Quantum Gravity*, «Nuclear Physics B », 442, 1995, pp. 593-619.

13. 空间旋转群 SO(3) 及其最大覆盖 SU(2) 的表示理论。

14. 由罗杰·彭罗斯亲自讲述。

15. C. Rovelli, F. Vidotto, *Planck Stars*, cit.

16. 达到普朗克尺度的并非它的体积，而是它的密度。

17. 改变时间的符号只会改变速度的符号，而不会改变加速度的符号，加速度仍然具备吸引力。

18. 敏锐的读者会提出这样的疑问："但这不太可能啊……"稍后我们将用几页的篇幅来探讨这个问题。现在我只谈可能性，不谈概率。

19. 本质上就是改变坐标。

20. H. Haggard, C. Rovelli, *Black Hole Fireworks: Quantum-gravity Effects Outside the Horizon Spark Black to White Hole Tunnelling*, « Physical Review D », 92, 2015, 104020. https://arxiv.org/abs/1407.0989.

21. S.W. Hawking, *Black Hole Explosions?*, « Nature », 248, 1974, pp. 30-31.

22. 耗散，熵增。

23. 我在《时间的秩序》一书中详细探讨了这个问题。

24. 也许还有别的：来自马赛的亚历杭德罗·佩雷斯

（Alejandro Perez）研究了普朗克尺度下的几何耗散的可能性。

25. 它的熵可以被计算出来。

26. A. Strominger, C. Vafa, *Microscopic Origin of the BekensteinHawking Entropy*, « Physics Letters B », 379, 1996, pp. 99-104; C. Rovelli, *Black Hole Entropy from Loop Quantum Gravity*, « Physical Review Letters », 77, 1996, pp. 3288-291.

27. 熵与视界的面积成正比，可能的状态数由熵决定。

28. 信息悖论源自一种误解，即一个黑洞的状态总数是用贝肯斯坦－霍金熵来测量的，因此也是通过视界面积来测量的。这是“全息原理”的一种极端版本。由此可知，蒸发会减少状态数。到了佩奇时间，已经没有足够的状态来净化霍金辐射了。冯·诺依曼熵必须开始下降，从而形成佩奇曲线。因此，应当存在一种把信息释放出来的机制。这个论点基于两个错误的假设。首先，冯·诺依曼熵总是小于热力学熵。这只适用于遍历论系统，而黑洞的动力学肯定不是遍历论系统，因为它的因果结构不允许内部和视界之间出现能量均衡。系统中因果关系断开的部分会继续通过在过去形成的纠缠增加冯·诺依曼熵，但不会增加热力学熵。当视界蒸发时，其热力学熵会下降，但冯·诺依曼熵不会下降，并且仍然允许信息留在内部。第二个错误假设是，视界是事件视界。视界是一个表观视界，它是否成为事件视界取决于量子引力，因为在蒸发结束之前，外曲率会变成普朗克曲率。佩奇时间的推导依赖于事件视界的存在，因此也依赖于对量子引力的（错误的）假设。弦理论中对状态数的计算涉及永恒黑洞，因此只涉及事件视界。它和能够从外部区分的状态数相关——这种构想下的可观测值就处于外部。它们是视界的状态，而不是黑洞内部的状态。信息仍在黑洞之中。在黑洞变成存在时间很长的白洞之后，信息才会离开。

29. 跃迁也许会更早发生，例如在视界尚且够大的时候——我也不确定。

30. 由于量子引力的作用，一个非常小的白洞（普朗克质量的白洞）是稳定的。

31. 我在《时间的秩序》一书中详细探讨了这个问题。

32. 它产生熵。

33. 详见 C. *Rovelli, Memory and Entropy*, « Entropy », 24, 8, 2022, 1022; arXiv:2003.06687.

34. 它产生熵。

35.《伦理学》，第一部分附录。（此处译文节选自《伦理学》，斯宾诺莎著，贺麟译，商务印书馆，1997 年。）

36.《伦理学》，第二部分。

37.C. Rovelli, *The Old Fisherman's Mistake*, « Metaphilosophy », 53, 2022, pp. 623-31.

38. 不平衡就是信息，因为平衡态越大，微观状态数就越多，宏观状态包含的信息就越少。

39. 过去的低熵是一切痕迹或记忆中所包含的全部信息的最终源头。

40. 在对现象的微观描述中，因果之间的区别没有意义。在微观现象的层面上，我们有规律、物理定律、概率，而这些概念并不区分过去和未来。过去和未来的区分是我们用宏观变量来描述时，宇宙历史才具有的一个属性。只有对这些变量，我们才能谈论原因。

41. 时长大约为普朗克单位制中的 m^3，其中 m 是黑洞的初始质量。

42. 时长大约为普朗克单位制中的 m^4。

43. 大型白洞不稳定。相比之下，普朗克质量的白洞在量子引力的作用下会趋于稳定。C. Rovelli, F. Vidotto, *Small*

Black/White Hole Stability and Dark Matter, «Universe », 4, 2018, p. 127.

图片来源

P5：福斯托·法夫里拍摄的哈尔照片，由拍摄者提供。

P14 上：央斯基天线，出自《卡尔·G. 央斯基论文集》。© NRAO Archives

P17：人马座 A 黑洞。© ESO / EHT Collaboration

P22：图片由肖恩·贝克制作。

P24：艾伦·戴维拍摄的戴维·芬克尔斯坦（1984），由阿里亚·里茨·芬克尔斯坦提供。

P30：阿尔布雷希特·丢勒的作品《忧郁 I》（1514），现存于纽约大都会艺术博物馆。

P34 和 P52 的月球：© NASA images/Shutterstock.com

P34 和 P52 的地球：© ASPARINGGA/Shutterstock.com

P42 下和 P49 的矢量图像：© Mikesilent/Shutterstock.com

P52 的矢量图像：© Syuzann/Shutterstock.com, © X. Javid/Shutterstock.com

著作权合同登记号：图字 18-2023-296

图书在版编目（CIP）数据

白洞 /（意）卡洛·罗韦利著；张亦非译．-- 长沙：湖南科学技术出版社，2024.4
ISBN 978-7-5710-2782-7

Ⅰ．①白… Ⅱ．①卡… ②张… Ⅲ．①特殊天体—普及读物 Ⅳ．① P145.4

中国国家版本馆 CIP 数据核字（2024）第 051962 号

上架建议：畅销·科普

BAIDONG
白洞

著　　者：[意] 卡洛·罗韦利
译　　者：张亦非
审　　校：罗懿宸
出 版 人：潘晓山
责任编辑：刘　竞
监　　制：吴文娟
策划编辑：董　卉
特约编辑：罗雪莹
版权支持：王媛媛
营销编辑：杨若冰　傅　丽
装帧设计：利　锐
出　　版：湖南科学技术出版社
（湖南省长沙市芙蓉中路 416 号　邮编：410008）
网　　址：www.hnstp.com
印　　刷：北京中科印刷有限公司
经　　销：新华书店
开　　本：855 mm × 1120 mm　1/32
字　　数：80 千字
印　　张：5
版　　次：2024 年 4 月第 1 版
印　　次：2024 年 4 月第 1 次印刷
书　　号：ISBN 978-7-5710-2782-7
定　　价：59.00 元

若有质量问题，请致电质量监督电话：010-59096394
团购电话：010-59320018